《气象高质量发展纲要（2022—2035年）》辅导读本

中国气象局

气象出版社
China Meteorological Press

图书在版编目（ＣＩＰ）数据

《气象高质量发展纲要（2022—2035年）》辅导读本/
中国气象局编著. -- 北京：气象出版社，2022.9
ISBN 978-7-5029-7798-6

Ⅰ．①气… Ⅱ．①中… Ⅲ．①气象－工作－中国－
2022-2035－学习参考资料 Ⅳ．①P4-12

中国版本图书馆CIP数据核字（2022）第161699号

《Qixiang Gaozhiliang Fazhan Gangyao (2022—2035 Nian)》Fudao Duben
《气象高质量发展纲要（2022—2035 年）》辅导读本

出版发行：气象出版社
地　　址：北京市海淀区中关村南大街 46 号　　　邮政编码：100081
电　　话：010-68407112（总编室）　　010-68408042（发行部）
网　　址：http://www.qxcbs.com　　　　E-mail：qxcbs@cma.gov.cn
责任编辑：蔺学东　张盼娟　　　　　　　终　审：吴晓鹏
责任校对：张硕杰　　　　　　　　　　　责任技编：赵相宁
封面设计：艺点设计
印　　刷：北京地大彩印有限公司
开　　本：710 mm×1000 mm　1/16　　　印　张：19
字　　数：200 千字
版　　次：2022 年 9 月第 1 版　　　　　印　次：2022 年 9 月第 1 次印刷
定　　价：58.00 元

本书编委会

主　编：庄国泰

副主编：矫梅燕　黎　健

编　委：宋善允　曹晓钟　熊绍员　曹卫平
　　　　王志华　周　恒　李丽军　程　磊
　　　　薛建军　曾　沁　周韶雄　郑江平
　　　　刘厚堂　任振和　廖　军

本书统稿组

张　杰　　朱玉洁　　郭文刚　　康　为　　陈鹏飞　　李　博

蒋　涛　　章建成　　张　迪　　梁　科　　路秀娟　　邵　洋

王胜杰　　何孟洁　　喻迎春　　曾凡雷　　张洪政　　刘　慧

龚志强　　李　俊　　蒋品平　　陈优宽　　张建磊　　吴　猛

张　洁　　王淞秋　　修天阳　　苏彦入　　蒋　星　　杨启国

石雪峰　　谈　媛　　李晓露　　桑瑞星　　李　栋　　钱　鑫

张　冰　　冯冬霞　　廖向花　　郑世林　　黄华丽　　张小锋

郭淑颖　　赵思遥　　刘　涛　　王　铸　　张　伟　　刘冠州

目 录

深入贯彻习近平总书记重要指示精神 奋力谱写气象高质量发展崭新篇章

　　人民气象事业始终在党的重视关怀下不断取得发展进步。党的十八大以来，在以习近平同志为核心的党中央坚强领导下，在习近平总书记亲自指示和亲切关怀下，气象事业实现了跨越式发展，取得了历史性成就，建成了世界先进的地、空、天综合立体气象观测系统，近 7 万个地面自动气象观测站、236 部天气雷达、7 颗在轨风云气象卫星严密监测我国天气气候情况，并为"一带一路"沿线国家提供风云气象卫星服务；气象科技创新重大成果不断产出，建立了自主可控的数值预报业务体系，气象预报准确率、提前量显著提高；建成了覆盖领域广泛的气象服务体系，有效服务几十个部门、上百个行业和亿万群众，公众满意度逐年提高，气象防灾减灾第一道防线作用进一步发挥；气象信息化水平跃上新台阶，干部人才队伍建设持续增强，气象整体实力进入世界先进行列。

　　在新中国气象事业 70 周年之际，习近平总书记专门作出重要指示，对气象工作给予充分肯定，指明了新时代气象事业发展的根本方向、战略定位、战略目标、战略重点和战略任务，是新时代气象事业发展的根本遵循。学习、领悟、落实习近平总书记重要指示精神，要求我们必须牢牢把握始终坚持党的领导、坚持气象服务国家服务人民的根本方向，必须牢牢把握气象工作关系生命安全、生产发展、生活富裕、生态良好的战略定位，必须牢牢把握推动气象事业高质量发展、加快建设气象现代化的战略目标，必须牢牢把握发挥气象防灾减灾第一道防线作用的战略重点，必须牢牢把握加快科技创新、做到监测精密预报精准服务精细的战略任务，继续发扬优良传统，提高气象服务保障能力，努力为实现"两个一百年"奋斗目标、实现中华民族伟大复兴的中国梦作出新的更大的贡献。

李克强总理多次对气象工作作出重要批示，强调气象事业是科技型、基础性、先导性社会公益事业，并对新发展阶段推动气象高质量发展、加快气象现代化建设提出明确要求。落实李克强总理重要批示精神，要求我们要面向国家重大战略、面向人民生产生活、面向世界科技前沿，着力加强关键核心技术攻关和高素质专业化人才培养，大力提升气象灾害监测预警服务和应对气候变化支撑保障能力，注重补齐气象服务短板，推动气象深度融入经济社会各行各业，加强气象国际合作，为增进群众福祉、服务国家现代化建设作出新的更大贡献。

踏上全面建设社会主义现代化国家的新征程，统筹发展和安全对防范气象灾害风险的要求越来越高，经济社会发展与气象影响的敏感性和关联性越来越强，人民美好生活对气象服务的需求越来越精细，生态文明建设对气象保障的要求越来越迫切，需要加快推进气象高质量发展，为经济社会高质量发展和社会主义现代化强国建设提供有力支撑。为此，国务院出台《气象高质量发展纲要（2022—2035 年）》（国发〔2022〕11 号，以下简称《纲要》），为气象高质量发展擘画了宏伟蓝图，提出了到 2025 年、2035 年气象高质量发展的目标和要求，凝练了各发展阶段的重点任务，并配套设计了相应重大工程。这是贯彻习近平总书记重要指示精神的重大举措；是坚持以人民为中心、气象服务国家服务人民的具体体现；是统筹发展和安全，立足新发展阶段、贯彻新发展理念、构建新发展格局的重大部署。

为全面动员部署实施《纲要》，2022 年 5 月 19 日，国务院召开全国气象高质量发展工作电视电话会议，胡春华副总理出席会议并讲话。会议指出，我国气象事业发展取得了显著成绩，为促进经济持续健康发展和社会大局稳定提供了有力支撑，也为新发展阶段推动气象高质量发展奠定了坚实基础。会议强调，进入新发展阶段，推动气象事业高质量发展十分重要和紧迫，筑牢防灾减灾救灾防线、确保人民生命财产安全，推动经济社会高质量发展、统筹好发展与安全，满足人民群众日益增长的多样化、个性化需求等，都迫切需要提高气象服务保障能力和水平。会议要求，气象高质量发展必须坚持和加强党对气象工作的全面领导，各级党委政府要加强工作责任落实，各有关部门要加强对气象工作的支持，气象系统要切实加强自身建设，立足职责职能共同推进气象工作发展。

贯彻落实胡春华副总理的重要讲话精神，要求我们坚持以系统观念加快推进气象现代化建设。要加快完善气象监测设施装备体系，优化气象监测站网布局，建设和运维好现代化的气象观测技术装备体系，推动气象观测资源共享和统筹发展。要加快提升气象创新驱动发展水平，增强气象科技自主创新能力，夯实气象科技基础研究，加大关键核心技术攻关力度，深化气象科技体制机制改革，统筹用好气象科技创新资源力量。要持续推进气象信息化，加快新一代信息技术在气象领域的深度融合应用，推进数字气象建设和气象预报智能化。要建设高水平气象人才队伍，加强顶尖创新人才培养，完善产学研用结合的协同育人模式，强化基层人才队伍建设。

贯彻落实胡春华副总理的重要讲话精神，要求我们全面提高气象服务保障成效。要切实筑牢气象防灾减灾第一道防线，充分发挥气象预警信息的先导作用，进一步加强气象灾害风险预警的精准靶向发布和防灾减灾救灾知识科普教育培训。要大力加强气象为农服务，加强国家粮食安全、乡村产业发展、农村地区防灾减灾气象服务保障。要更好地保障经济运行和服务民生，主动融入和服务现代化经济体系建设，着力推进气象基本公共服务均等化，对特定群体开展个性化定制化气象服务。要全面提高气象服务保障的经济效益、社会效益和生态效益，积极助力生态文明建设，强化应对气候变化的气象监测分析，提高气候资源开发利用能力，加强生态保护和修复气象保障。

贯彻落实胡春华副总理的重要讲话精神，要求我们扎实有力地加强自身建设。要完善中国特色气象治理体系，坚持和完善双重管理体制，推动国家、省、市、县级业务分工更加科学合理，深化气象"放管服"改革，加强气象开放合作，积极参与全球气象治理。要提高气象干部队伍能力素质，实施气象人才优先战略，全方位多形式培养锻炼气象干部人才，优化气象干部人才队伍结构，激励他们在新时代建功立业、担当作为。要夯实基层基础，关心爱护基层特别是艰苦台站干部职工，切实保障好职工工作和生活待遇，为投身气象高质量发展创造良好环境。要认真落实党中央、国务院决策部署，聚焦目标任务真抓实干，奋力开创气象高质量发展新局面。

习近平总书记关于气象工作重要指示精神为我们推动气象高质量发展提供了根本遵循，注入了强大动力。李克强总理重要批示和胡春华副总理重要讲话精神为我们进一步贯彻落实好《纲要》明确了要求，指明了路径，吹响了号角。全国气象部门要切实肩负起新时代国家和人民赋予气象工作的历史使命，增强服务国家服务人民和加快建成气象强国的紧迫感、责任感和使命感，把党中央和国务院的亲切关怀、殷殷嘱托转化为攻坚克难、拼搏奋斗的不竭动力，对标《纲要》目标和要求，着力推动《纲要》各项任务落实落细落地、按时保质完成，以永不懈怠的精神状态和勇往直前的奋斗姿态，奋力谱写新时代气象高质量发展崭新篇章，为全面建成社会主义现代化强国作出新的更大贡献！

国务院印发《气象高质量发展纲要（2022—2035 年）》

2022 年 4 月 28 日，国务院印发了《气象高质量发展纲要（2022—2035 年）》，并发出通知，要求各地区各部门结合实际认真贯彻执行。

《气象高质量发展纲要（2022—2035 年）》（公开版）如下。

气象事业是科技型、基础性、先导性社会公益事业。党的十八大以来，在以习近平同志为核心的党中央坚强领导下，各地区各有关部门不懈努力，推动我国气象事业发展取得显著成就。在全球气候变暖背景下，我国极端天气气候事件增多增强，统筹发展和安全对防范气象灾害重大风险的要求越来越高，人民群众美好生活对气象服务保障的需求越来越多样。为贯彻落实党中央、国务院决策部署，适应新形势新要求，加快推进气象高质量发展，制定本纲要。

一、总体要求

（一）指导思想。以习近平新时代中国特色社会主义思想为指导，完整、准确、全面贯彻新发展理念，加快构建新发展格局，面向国家重大战略、面向人民生产生活、面向世界科技前沿，以提供高质量气象服务为导向，坚持创新驱动发展、需求牵引发展、多方协同发展，加快推进气象现代化建设，努力构建科技领先、监测精密、预报精准、服务精细、人民满意的现代气象体系，充分发挥气象防灾减灾第一道防线作用，全方位保障生命安全、生产发展、生活富裕、生态良好，更好满足人民日益增长的美好生活需要，为加快生态文明建设、全面建成社会主义现代化强国、实现中华民族伟大复兴的中国梦提供坚强支撑。

（二）发展目标。到 2025 年，气象关键核心技术实现自主可控，现代气象科技创新、服务、业务和管理体系更加健全，监测精密、预报精准、服务精细能力不断提升，气象服务供给能力和均等化水平显著提高，气象现代化迈上新台阶。

到 2035 年，气象关键科技领域实现重大突破，气象监测、预报和服务水平全球领先，国际竞争力和影响力显著提升，以智慧气象为主要特征的气象现代化基本实现。气象与国民经济各领域深度融合，气象协同发展机制更加完善，结构优化、功能先进的监测系统更加精密，无缝隙、全覆盖的预报系统更加精准，气象服务覆盖面和综合效益大幅提升，全国公众气象服务满意度稳步提高。

二、增强气象科技自主创新能力

（三）加快关键核心技术攻关。实施国家气象科技中长期发展规划，将气象重大核心技术攻关纳入国家科技计划（专项、基金等）予以重点支持。加强天气机理、气候规律、气候变化、气象灾害发生机理和地球系统多圈层相互作用等基础研究，强化地球系统数值预报模式、灾害性天气预报、气候变化、人工影响天气、气象装备等领域的科学研究和技术攻关。开展暴雨、强对流天气、季风、台风、青藏高原和海洋等大气科学试验。加强人工智能、大数据、量子计算与气象深度融合应用。推动国际气象科技深度合作，探索牵头组织地球系统、气候变化等领域国际大科学计划和大科学工程。

（四）加强气象科技创新平台建设。推进海洋、青藏高原、沙漠等区域气象研究能力建设，做强做优灾害性天气相关全国重点实验室，探索统筹重大气象装备、气象卫星、暴雨、台风等气象科技创新平台和能力建设。推进气象国家野外科学观测研究站建设，在关键区域建设一批气象野外科学试验基地。强化气象科研机构科技创新能力建设，探索发展新型研发机构和气象产业技术创新联盟。研究实施气象科技力量倍增计划。

（五）完善气象科技创新体制机制。建立数值预报等关键核心技术联合攻关机制，推动气象重点领域项目、人才、资金一体化配置。改进气象科技项目组织管理方式，完善"揭榜挂帅"制度。深化气象科研院所改革，扩大科研自主权。健全气象科技成果分类评价制度，完善气象科技成果转化应用和创新激励机制。建设气象科研诚信体系。

三、加强气象基础能力建设

（六）建设精密气象监测系统。按照相关规划统一布局，共同建设国家天气、气候及气候变化、专业气象和空间气象观测网，形成陆海空天一体化、协同高效的精密气象监测系统。持续健全气象卫星和雷达体系，强化遥感综合应用，做好频率使用需求分析和相关论证。加强全球气象监测，提升全球气象资料获取及共享能力。发展高精度、智能化气象探测装备，推进国产化和迭代更新，完善气象探测装备计量检定和试验验证体系。科学加密建设各类气象探测设施。健全气象观测质量管理体系。鼓励和规范社会气象观测活动。

（七）构建精准气象预报系统。加强地球系统数值预报中心能力建设，发展自主可控的地球系统数值预报模式，逐步形成"五个1"的精准预报能力，实现提前1小时预警局地强天气、提前1天预报逐小时天气、提前1周预报灾害性天气、提前1月预报重大天气过程、提前1年预测全球气候异常。完善台风、海洋、环境等专业气象预报模式，健全智能数字预报业务体系，提高全球重要城市天气预报、灾害性天气预报和重要气候事件预测水平。建立协同、智能、高效的气象综合预报预测分析平台。

（八）发展精细气象服务系统。推进气象服务数字化、智能化转型，发展基于场景、基于影响的气象服务技术，研究构建气象服务大数据、智能化产品制作和融媒体发布平台，发展智能研判、精准推送的智慧气象服务。建立气象部门与各类服务主体互动机制，探索打造面向全社会的气象服务支撑平台和众创平台，促进气象信息全领域高效应用。

（九）打造气象信息支撑系统。在确保气象数据安全的前提下，建设地球系统大数据平台，推进信息开放和共建共享。健全跨部门、跨地区气象相关数据获取、存储、汇交、使用监管制度，研制高质量气象数据集，提高气象数据应用服务能力。适度超前升级迭代气象超级计算机系统。研究建设固移融合、高速泛在的气象通信网络。构建数字孪生大气，提升大气仿真模拟和分析能力。制定气象数据产权保护政策。强化气象数据资源、信息网络和应用系统安全保障。

四、筑牢气象防灾减灾第一道防线

（十）提高气象灾害监测预报预警能力。坚持人民至上、生命至上，健全分灾种、分重点行业气象灾害监测预报预警体系，提高极端天气气候事件和中小河流洪水、山洪灾害、地质灾害、海洋灾害、流域区域洪涝、森林草原火灾等气象风险预报预警能力。完善国家突发事件预警信息发布系统。建设气象灾害风险评估和决策信息支持系统，建立气象灾害鉴定评估制度。发展太阳风暴、地球空间暴等空间天气灾害监测预报预警，加强国家空间天气监测预警中心能力建设。

（十一）提高全社会气象灾害防御应对能力。定期开展气象灾害综合风险普查和风险区划。加强气象灾害防御规划编制和设施建设，根据气象灾害影响修订基础设施标准、优化防御措施，提升重点区域、敏感行业基础设施设防水平和承灾能力。统筹制定气象灾害预警发布规程，建立重大气象灾害预警信息快速发布"绿色通道"制度，推动第五代移动通信（5G）、小区广播等技术在预警信息发布中的应用。实施"网格＋气象"行动，将气象防灾减灾纳入乡镇、街道等基层网格化管理。加强科普宣传教育和气象文化基地建设。强化重大气象灾害应急演练。

（十二）提升人工影响天气能力。编制和实施全国人工影响天气发展规划。加强国家、区域、省级人工影响天气中心和国家人工影响天气试验基地建设。发展安全高效的人工影响天气作业技术和高性能增雨飞机等新型作业装备，提高防灾减灾救灾、生态环境保护与修复、国家重大活动保障、重大突发事件应急保障等人工影响天气作业水平。健全人工影响天气工作机制，完善统一协调的人工影响天气指挥和作业体系。加强人工影响天气作业安全管理。

（十三）加强气象防灾减灾机制建设。坚持分级负责、属地管理原则，健全气象防灾减灾体制机制。完善气象灾害应急预案和预警信息制作、发布规范。健全以气象灾害预警为先导的联动机制，提高突发事件应急救援气象保障服务能力，建立极端天气防灾避险制度。定期开展气象灾害防御水平评估，督促落实气象灾害防御措施。加强气象灾害风险管理，完善气象灾害风险转移制度。依法做好重大规划、重点工程项目气候可行性论证，强化国家重大工程建设气象服务保障。

五、提高气象服务经济高质量发展水平

（十四）实施气象为农服务提质增效行动。加强农业生产气象服务，强化高光谱遥感等先进技术及相关设备在农情监测中的应用，提升粮食生产全过程气象灾害精细化预报能力和粮食产量

预报能力。面向粮食生产功能区、重要农产品生产保护区和特色农产品优势区，加强农业气象灾害监测预报预警能力建设，做好病虫害防治气象服务，开展种子生产气象服务。建立全球粮食安全气象风险监测预警系统。探索建设智慧农业气象服务基地，强化特色农业气象服务，实现面向新型农业经营主体的直通式气象服务全覆盖。充分利用气候条件指导农业生产和农业结构调整，加强农业气候资源开发利用。

（十五）实施海洋强国气象保障行动。加强海洋气象观测能力建设，实施远洋船舶、大型风电场等平台气象观测设备搭载计划，推进海洋和气象资料共享共用。加强海洋气象灾害监测预报预警，全力保障海洋生态保护、海上交通安全、海洋经济发展和海洋权益维护。强化全球远洋导航气象服务能力，为海上运输重要航路和重要支点提供气象信息服务。

（十六）实施交通强国气象保障行动。探索打造现代综合交通气象服务平台，加强交通气象监测预报预警能力建设。开展分灾种、分路段、分航道、分水域、分铁路线路的精细化交通气象服务。强化川藏铁路、西部陆海新通道、南水北调等重大工程和部分重点水域交通气象服务。加强危险天气咨询服务。建立多式联运物流气象服务体系，开展全球商贸物流气象保障服务。

（十七）实施"气象+"赋能行动。推动气象服务深度融入生产、流通、消费等环节。提升能源开发利用、规划布局、建设运行和调配储运气象服务水平。强化电力气象灾害预报预警，做好电网安全运行和电力调度精细化气象服务。积极发展金融、保险和农产品期货气象服务。健全相关制度政策，促进和规范气象产业有序发展，激发气象市场主体活力。

（十八）实施气象助力区域协调发展行动。在京津冀协同发展、长江经济带发展、粤港澳大湾区建设、长三角一体化发展、黄河流域生态保护和高质量发展等区域重大战略实施中，加强气象服务保障能力建设，提供优质气象服务。鼓励东部地区率先实现气象高质量发展，推动东北地区气象发展取得新突破，支持中西部地区气象加快发展，构建与区域协调发展战略相适应的气象服务保障体系。

六、优化人民美好生活气象服务供给

（十九）加强公共气象服务供给。创新公共气象服务供给模式，建立公共气象服务清单制度，形成保障公共气象服务体系有效运行的长效机制。推进公共气象服务均等化，加强气象服务信息传播渠道建设，实现各类媒体气象信息全接入。增强农村、山区、海岛、边远地区以及老年人、残疾人等群体获取气象信息的便捷性，扩大气象服务覆盖面。

（二十）加强高品质生活气象服务供给。开展个性化、定制化气象服务，推动气象服务向高品质和多样化升级。推进气象融入数字生活，加快数字化气象服务普惠应用。强化旅游资源开发、旅游出行安全气象服务供给。提升冰雪运动、水上运动等竞技体育和全民健身气象服务水平。

（二十一）建设覆盖城乡的气象服务体系。加强城市气象灾害监测预警，按照有关规划加密城市气象观测站点，发展分区、分时段、分强度精细化预报。在城市规划、建设、运行中充分考虑气象风险和气候承载力，增强城市气候适应性和重大气象灾害防控能力。将气象服务全面接入城市数据大脑，探索推广保障城市供水供电供气供热、防洪排涝、交通出行、建筑节能等智能管理的气象服务系统。将农村气象防灾减灾纳入乡村建设行动，构建行政村全覆盖的气象预警信息发布与响应体系，加强农村气象灾害高风险地区监测预警服务能力建设。

七、强化生态文明建设气象支撑

（二十二）强化应对气候变化科技支撑。加强全球变暖对青藏高原等气候承载力脆弱区影响的监测。开展气候变化对粮食安全、水安全、生态安全、交通安全、能源安全、国防安全等影响评估和应对措施研究。强化气候承载力评估，建立气候安全早期预警系统，在重点区域加强气候变化风险预警和智能决策能力建设。加强温室气体浓度监测与动态跟踪研究。建立气候变化监测发布制度。加强国际应对气候变化科学评估，增强参与全球气候治理科技支撑能力。

（二十三）强化气候资源合理开发利用。加强气候资源普查和规划利用工作，建立风能、太阳能等气候资源普查、区划、监测和信息统一发布制度，研究加快相关监测网建设。开展风电和光伏发电开发资源量评估，对全国可利用的风电和光伏发电资源进行全面勘查评价。研究建设气候资源监测和预报系统，提高风电、光伏发电功率预测精度。探索建设风能、太阳能等气象服务基地，为风电场、太阳能电站等规划、建设、运行、调度提供高质量气象服务。

（二十四）强化生态系统保护和修复气象保障。实施生态气象保障工程，加强重要生态系统保护和修复重大工程建设、生态保护红线管控、生态文明建设目标评价考核等气象服务。建立"三区四带"（青藏高原生态屏障区、黄河重点生态区、长江重点生态区和东北森林带、北方防沙带、南方丘陵山地带、海岸带）及自然保护地等重点区域生态气象服务机制。加强面向多污染物协同控制和区域协同治理的气象服务，提高重污染天气和突发环境事件应对气象保障能力。建立气候生态产品价值实现机制，打造气象公园、天然氧吧、避暑旅游地、气候宜居地等气候生态品牌。

八、建设高水平气象人才队伍

（二十五）加强气象高层次人才队伍建设。加大国家级人才计划和人才奖励对气象领域支持力度。实施专项人才计划，培养造就一批气象战略科技人才、科技领军人才和创新团队，打造具有国际竞争力的青年科技人才队伍，加快形成气象高层次人才梯队。京津冀、长三角、粤港澳大湾区及高层次人才集中的中心城市，要深化气象人才体制机制改革创新，进一步加强对气象高层次人才的吸引和集聚。

（二十六）强化气象人才培养。加强大气科学领域学科专业建设和拔尖学生培养。鼓励和引导高校设置气象类专业，扩大招生规模，优化专业结构，加强气象跨学科人才培养，促进气象基础学科和应用学科交叉融合，形成高水平气象人才培养体系。将气象人才纳入国家基础研究人才专项。强化气象人才培养国际合作。加强气象教育培训体系和能力建设，推动气象人才队伍转型发展和素质提升。

（二十七）优化气象人才发展环境。建立以创新价值、能力、贡献为导向的气象人才评价体系，健全与岗位职责、工作业绩、实际贡献等紧密联系，充分体现人才价值、鼓励创新创造的分配激励机制，落实好成果转化收益分配有关规定。统筹不同层级、不同区域、不同领域人才发展，将气象人才培养统筹纳入地方人才队伍建设。引导和支持高校毕业生到中西部和艰苦边远地区从事气象工作，优化基层岗位设置，在基层台站专业技术人才中实施"定向评价、定向使用"政策，夯实基层气象人才基础。大力弘扬科学家精神和工匠精神，加大先进典型宣传力度。对在气象高质量发展工作中作出突出贡献的单位和个人，按照国家有关规定给予表彰和奖励。

九、强化组织实施

（二十八）加强组织领导。坚持党对气象工作的全面领导，健全部门协同、上下联动的气象高质量发展工作机制，将气象高质量发展纳入相关规划，统筹做好资金、用地等保障。中国气象局要加强对纲要实施的综合协调和督促检查，开展气象高质量发展试点，探索形成可复制、可推广的经验和做法，为加快推进气象现代化建设作出示范。

（二十九）统筹规划布局。科学编制实施气象设施布局和建设规划，推进气象资源合理配置、高效利用和开放共享。深化气象服务供给侧结构性改革，推进气象服务供需适配、主体多元。建立相关行业气象统筹发展体制机制，将各部门各行业自建的气象探测设施纳入国家气象观测网络，由气象部门实行统一规划和监督协调。

（三十）加强法治建设。推动完善气象法律法规体系。依法保护气象设施和气象探测环境，实施公众气象预报、灾害性天气警报和气象灾害预警信号统一发布制度，规范人工影响天气、气象灾害防御、气候资源保护和开发利用、气象信息服务等活动。加强防雷安全、人工影响天气作业安全监管。健全气象标准体系。

（三十一）推进开放合作。深化气象领域产学研用融合发展。加强风云气象卫星全球服务，为共建"一带一路"国家气象服务提供有力支撑。加强气象开放合作平台建设，在世界气象组织等框架下积极参与国际气象事务规则、标准制修订。

（三十二）加强投入保障。加强对推动气象高质量发展工作的政策和资金支持。在国家科技计划实施中支持气象领域科学研究和科研项目建设。完善升级迭代及运行维护机制，支持基层和欠发达地区气象基础能力建设。按规定落实艰苦边远地区基层气象工作者有关待遇。积极引导社会力量推动气象高质量发展。

奋力开创气象高质量发展新局面

中共中国气象局党组

以习近平同志为核心的党中央高度重视气象工作，习近平总书记专门作出重要指示，要求推动气象事业高质量发展。近日，国务院印发《气象高质量发展纲要（2022—2035年）》（以下简称《纲要》），部署当前和今后一个时期气象高质量发展的总体目标和重点任务。气象工作者肩负新的光荣使命，我们将以习近平总书记关于气象工作重要指示精神为根本遵循，勇担历史责任，全面落实《纲要》，奋力开创气象高质量发展新局面。

一、深刻认识气象高质量发展的重大意义

在全面建设社会主义现代化国家新征程上，更好满足人民日益增长的美好生活需要、服务经济社会高质量发展，需要全面贯彻新发展理念，推动气象高质量发展，保障第二个百年奋斗目标如期实现。

气象高质量发展是践行以人民为中心发展思想的重要举措。新中国气象事业从成立之初就坚持服务国家、服务人民，如今气象服务已成为百姓不可或缺的基本公共服务。在全球气候变暖背景下，极端天气气候事件增多增强，气象灾害严重威胁人民生命财产安全。随着经济社会快速发展和人民生活水平不断提高，人民群众对气象服务需求更加多样化个性化，必须坚持"人民至

上、生命至上"，推动气象高质量发展，更好地满足人民美好生活需要。

气象高质量发展是经济社会高质量发展的重要保障。在现代化经济体系建设中，气象与生产、流通、消费等各环节的关联性不断增强，气象信息、数据等已成为重要的生产要素，广泛应用于经济社会各行各业。防汛抗旱、应急调度等工作需要准确及时的气象预报预警，农业生产、交通运输、能源保供、海洋经济等重点行业和领域发展需要有针对性的气象服务，生态文明建设、实现碳达峰碳中和目标等都对气象工作提出了更高要求，必须推动气象高质量发展，更好地为经济社会高质量发展保驾护航。

气象高质量发展是贯彻新发展理念的重要体现。坚持创新发展，着力实现气象科技自立自强；坚持协调发展，着力补齐发展的短板和弱项；坚持绿色发展，着力拓展气象保障生态文明建设的领域范围；坚持开放发展，着力适应国内国际双循环新发展格局的需要；坚持共享发展，着力保障全体人民共同富裕。要全面贯彻新发展理念，努力推动气象高质量发展，实现从"有没有"向"好不好""强不强"转变。

二、准确把握气象高质量发展的目标和要求

实现气象高质量发展，必须毫不动摇坚持气象服务国家、服务人民的根本方向，突出气象事业科技型、基础性、先导性社会公益事业属性，统筹推进落实发展的各阶段目标和任务，切实转

变发展的思路和方式，不断提高发展的质量和效益。

明确气象高质量发展的战略目标。气象高质量发展的近期目标是，到 2025 年，气象关键核心技术实现自主可控，现代气象科技创新、服务、业务和管理体系更加健全，监测精密、预报精准、服务精细能力不断提升，气象服务供给能力和均等化水平显著提高，气象现代化迈上新台阶。远景目标是，到 2035 年，气象关键科技领域实现重大突破，气象监测、预报和服务水平全球领先，国际竞争力和影响力显著提升，以智慧气象为主要特征的气象现代化基本实现。气象与国民经济各领域深度融合，气象协同发展机制更加完善，结构优化、功能先进的监测系统更加精密，无缝隙、全覆盖的预报系统更加精准，气象服务覆盖面和综合效益大幅提升，全国公众气象服务满意度稳步提高。

明确气象高质量发展的基本路径。实现气象高质量发展的目标，需要进一步明确发展的思路和方式，实现发展的质量变革、效率变革、动力变革。坚持创新驱动发展，通过科技创新提高发展的速度和质量，提升气象国际竞争力，实现我国由气象大国向气象强国的转变。坚持需求牵引发展，针对各行各业对气象服务多样化精细化的需求，加快推进供给侧结构性改革，不断提升气象服务供给与需求的匹配性，形成需求牵引供给、供给创造需求的更高水平动态平衡。坚持政府主导、多方协同发展，充分发挥气象事业双重领导管理体制和双重计划财务体制优势，进一步完善"党委领导、政府主导、部门联动、社会参与"的工作机制，更大程度激发气象高质量发展的动力和活力。

三、全面落实气象高质量发展的部署任务

我们将始终坚持党对气象事业的全面领导，用实际行动坚决拥护"两个确立"、做到"两个维护"，确保气象高质量发展的任务全面落实、目标如期实现。

大力增强气象科技自主创新能力。强化气象战略科技力量配置，打造世界气象科技创新高地，在地球系统数值预报模式、灾害性天气预报等关键核心技术和天气机理、气候规律等基础研究方面，补短板、强弱项。加强气象科技创新平台建设，完善气象科技创新体制机制，深化国际气象科技合作，不断提高气象创新体系整体效能。

加快推进气象现代化。建设综合立体、协同高效的精密气象监测系统，提升气象设施装备的自主研发能力和智能化水平。发展无缝隙、全覆盖、智能化、数字化的精准预报系统，大力加强自主可控的地球系统数值预报，有效提升气象预报的准确率和提前量。发展智能研判、精准推送的精细气象服务系统，探索打造面向全社会的气象服务支撑平台和众创平台。打造高度集约、技术先进的气象信息支撑系统，加强新一代信息技术在气象领域的深度融合应用，建设地球系统大数据平台，构建数字孪生大气，模拟真实地球大气系统，更好地分析研究人类活动与大气环境的相互作用。

不断提升气象服务保障水平。深度融入经济社会各行各业，为重点区域、重点流域、重点行业、重大工程等提供专业化精细

化气象服务保障。不断完善以气象预警为先导的气象防灾减灾机制，提高全社会气象灾害防御应对能力，筑牢气象防灾减灾第一道防线。持续建设覆盖城乡的气象服务体系，优化人民美好生活气象服务供给。着力强化生态文明建设气象支撑，开展气候资源区划研究，强化应对气候变化科技支撑，加强气候资源合理开发利用能力建设，提升人工影响天气能力，强化生态系统保护和修复气象保障。

持续加强高水平专业化气象人才队伍建设。加快布局建设世界高水平气象人才高地，全方位培养、引进、使用气象高层次业务、科技、管理等各方面人才。选优配强各级气象部门领导干部，强化气象基础人才、基层人才储备，健全气象人才发展体制机制，优化气象人才发展环境，不断提升气象干部人才的综合素质能力。

新征程上，全体气象工作者将不忘初心、牢记使命，聚焦气象高质量发展的目标和任务，锐意进取、接续奋斗，以实际行动开创气象高质量发展新局面，迎接党的二十大胜利召开。

以气象高质量发展
服务保障社会主义现代化强国建设

庄国泰

　　以习近平同志为核心的党中央高度重视气象工作。在新中国气象事业 70 周年之际，习近平总书记作出重要指示，强调气象工作关系生命安全、生产发展、生活富裕、生态良好，做好气象工作意义重大、责任重大，要求推动气象事业高质量发展。近日，国务院出台《气象高质量发展纲要（2022—2035 年）》（以下简称《纲要》），系统部署到 2035 年气象高质量发展的主要目标和重要任务，明确要求加快推进气象现代化建设，努力构建科技领先、监测精密、预报精准、服务精细、人民满意的现代气象体系，更好满足人民日益增长的美好生活需要，为全面建成社会主义现代化强国提供坚强支撑。

坚决担起气象高质量发展的历史使命

　　习近平总书记指出，要加快科技创新，做到监测精密、预报精准、服务精细，推动气象事业高质量发展，提高气象服务保障能力，发挥气象防灾减灾第一道防线作用，努力为实现"两个一百年"奋斗目标、实现中华民族伟大复兴的中国梦作出新的更

庄国泰，中国气象局党组书记、局长。

大的贡献。习近平总书记的重要指示阐明了气象在服务国家、服务人民和推动经济社会发展中的重要作用和重大责任，为新时代气象高质量发展提供了根本遵循和行动指南。

人民气象事业于 1945 年从延安创立至今，始终在党的重视关怀下不断取得发展进步。特别是党的十八大以来，在以习近平同志为核心的党中央坚强领导下，在习近平总书记亲自指示和亲切关怀下，在各地区和有关部门的支持下，在全体气象干部职工的努力奋斗下，我国气象事业实现了跨越式发展、取得了历史性成就。中国特色气象服务体系成效显著。气象服务几十个部门、近百个行业，覆盖亿万用户，气象科学知识普及率达到 80.2%，公众气象服务满意度达 92.8 分，气象预警信息公众覆盖率达 96.9%，充分发挥了气象防灾减灾第一道防线作用。气象业务基础能力总体接近世界先进水平。建成了近 7 万个地面自动气象观测站、236 部天气雷达、7 颗在轨风云气象卫星组成的综合立体气象观测网，多项气象观测装备技术达到国际先进水平，气象预报预测准确率稳步提升，暴雨预警准确率提高到 89%，台风路径预报 24 小时误差缩小到 65 公里，强对流天气预警时间提前至 38 分钟。气象科技创新由跟跑为主向跟跑并跑并存迈进。一些突破性气象科技成果不断取得，气象"芯片"数值预报模式基本实现自主研发，气象雷达软硬件设施基本实现国产化，自主研发的气象卫星遥感技术性能达到国际先进水平，气象数据率先向国内外开放共享，中国气象局 2017 年被世界气象组织认定为发展中国家唯一的世界气象中心。

开启全面建设社会主义现代化国家的新征程，经济社会发展对气象服务的要求越来越高、需求越来越多样化。以习近平同志为核心的党中央作出推动气象事业高质量发展的重大决策部署，国务院出台《纲要》，统筹谋划到 2035 年气象高质量发展，具有重要的战略意义。

气象高质量发展是满足人民对美好生活向往的必然要求。让人民生活幸福，是我们党始终不渝的职责，也是我国经济社会发展的根本目的，更是气象工作的"国之大者"，人民是否满意是检验气象工作成效的根本标准。进入新发展阶段，极端天气气候事件频发重发给人民群众生命财产安全造成严重威胁，人民群众生产生活的气象服务需求倍量增长且更加多元化个性化，必须推动气象高质量发展，服务保障人民群众生命安全、生活幸福。

气象高质量发展是构建新发展格局的必然要求。天气变幻，奥秘无穷，对天气气候变化规律的了解掌握是人类认识世界、改造世界的基础。气象事业是科技型、基础性、先导性社会公益事业，气象现代化水平反映着国家现代化水平，气象高质量发展是社会主义现代化强国建设的重要组成部分和支撑保障。进入新发展阶段，建设现代化经济体系、加强生态文明建设、推进国家治理体系和治理能力现代化等对气象服务的要求越来越高。必须推动气象高质量发展，服务和融入新发展格局，保障以国内大循环为主体、国内国际双循环相互促进。

气象高质量发展是统筹发展和安全的必然要求。安全是发展的保障，发展是安全的目的。在全球气候变暖背景下，极端天气气候事件对经济社会发展和人民生产生活的影响日渐增多，及时有效防范应对极端天气气候风险的必要性、紧迫性不断凸显。进入新发展阶段，防范化解气象灾害和气候变化给粮食安全、能源安全、生态安全、水安全等带来的风险挑战，必须推动气象高质量发展，筑牢气象防灾减灾第一道防线，提高经济社会抵御气象灾害风险的能力和韧性。

准确把握气象高质量发展的实现路径

气象高质量发展必须毫不动摇坚持党的领导，坚持服务国家、服务人民的根本方向，不断加强气象现代化建设，持续完善气象管理体制机制，着力提升气象服务保障能力，更好满足人民日益增长的美好生活需要，为全面建成社会主义现代化强国、实现中华民族伟大复兴的中国梦提供坚强支撑。

坚持服务党和国家工作大局。气象事业是党和国家事业的重要组成部分，是直接参与和服务经济社会发展的社会公益事业。气象高质量发展必须始终坚持党对气象事业的全面领导，立足两个大局，心怀"国之大者"，坚决贯彻党中央、国务院决策部署，全力保障国家重大战略实施，围绕经济建设中心工作，深度服务和融入经济社会各行各业，精准服务国家和地方高质量发展，支撑保障社会主义现代化强国建设和中华民族伟大复兴。

坚持提升气象服务保障能力。气象服务的质量效益直接关系人民安全福祉和经济社会高质量发展，必须加快推进气象现代化建设，努力构建科技领先、监测精密、预报精准、服务精细、人民满意的现代气象体系，全面增强气象业务实力和科技实力，加快推进气象服务供给侧结构性改革，不断提升气象服务保障能力和水平，有效筑牢气象防灾减灾第一道防线，切实保障生命安全、生产发展、生活富裕、生态良好。

坚持完善气象管理体制机制。双重领导管理体制和双重计划财务体制是气象事业发展的最大体制优势，必须不断加强和完善。以更大的格局、更宽广的视野，持续深化开放合作，进一步健全部门协同、上下联动的工作机制，充分调动各级各方力量和资源，最大限度释放动力、激发活力、形成合力，共同推动气象高质量发展。立足中国，放眼世界，瞄准世界气象科技前沿，进一步加强气象科技创新，打造世界气象科技高地和高水平人才中心，提升全球竞争力，为应对全球气候变化赢得国际话语权。

全面落实气象高质量发展的战略任务

推动气象高质量发展要紧紧围绕服务支撑社会主义现代化强国建设的奋斗目标，以实现智慧气象为主要特征的气象现代化为主线，推动气象科技创新、气象基础能力、气象服务水平、气象人才队伍建设跃上新台阶。

加快实现气象科技自立自强。实施国家气象科技中长期发展规划，加强天气机理、气候规律、气候变化等基础研究，打赢地球系统数值预报模式、灾害性天气预报等关键核心技术攻坚战，推动气象与人工智能、大数据、量子计算等新技术深度融合应用。加强气象科技创新平台建设，推进海洋、青藏高原、沙漠等区域气象研究能力建设，做优做强灾害性天气相关全国重点实验室，研究实施气象科技力量倍增计划。完善气象科技创新体制机制，建立关键核心技术联合攻关机制，推动气象重点领域项目、人才、资金一体化配置，完善"揭榜挂帅"制度，深化气象科研院所改革，健全气象科技成果分类评价和转化应用激励机制。

大力推进气象基础能力建设。加强顶层设计，统一布局和标准，建设陆海空天一体化、协同高效的精密气象监测系统，发展高精度、智能化气象探测装备。加强地球系统数值预报能力建设，形成"提前1小时预警局地强天气、提前1天预报逐小时天气、提前1周预报灾害性天气、提前1月预报重大天气过程、提前1年预测全球气候异常"的"五个1"精准预报能力。推进气象服务数字化、智能化转型，发展智能研判、精准推送的智慧气象服务。打造气象信息支撑系统，建设地球系统大数据平台，推进信息开放和共建共享。

筑牢气象防灾减灾第一道防线。提高气象灾害监测预报预警能力，健全分灾种、分重点行业的气象灾害监测预报预警体系，完善国家突发事件预警信息发布系统。提高全社会气象灾害防御应对能力，定期开展气象灾害综合风险普查和风险区划，加强气象灾害防御规划编制和设施建设，将气象防灾减灾纳入基层网格化管理，强化重大气象灾害应急演练。提升人工影响天气能力，编制和实施全国人工影响天气发展规划，发展安全高效的人工影响天气作业技术和新型作业装备。加强气象防灾减灾机制建设，健全以气象灾害预警为先导的联动机制，建立极端天气防灾避险制度，完善气象灾害风险转移制度。

提高经济高质量发展气象服务水平。保障粮食安全，实施气象为农服务提质增效行动，提升粮食生产全过程气象精细化预报服务能力和粮食产量预报能力。保障海洋强国建设，加强海洋气象观测能力建设和海洋气象灾害监测预报预警，强化全球远洋导航气象服务。保障交通强国建设，开展分灾种、分路段、分航道、分水域、分铁路线路的精细化交通气象服务。实施"气象＋"赋能行动，推动气象服务深度融入生产、流通、消费等环节。实施气象助力区域协调发展行动，构建与区域协调发展战略相适应的气象服务保障体系。

优化人民美好生活气象服务供给。加强公共气象服务供给，建立公共气象服务清单制度，推进公共气象服务均等化。加强高品质生活气象服务供给，开展个性化、定制化气象服务，强化旅游资源开发、旅游出行安全气象服务供给，提升竞技体育和全民健身气象服务水平。建设覆盖城乡的气象服务体系，加强城市气象灾害监测预警，探索推广保障城市供水供电供气供热、防洪排涝、交通出行等智能管理的气象服务系统，将农村气象防灾减灾纳入乡村建设行动。

强化生态文明建设气象支撑。强化应对气候变化科技支撑，开展气候变化对粮食安全、水安全、生态安全、交通安全、能源安全、国防安全等影响评估和应对措施研究，加强温室气体浓度监测与动态跟踪研究，建立气候变化监测发布制度。强化气候资源合理开发利用，做好风能、太阳能等气候资源普查和规划利用工作，开展风电和光伏发电开发资源量评估。强化生态系统保护和修复气象保障，提高重污染天气和突发环境事件应对气象保障能力，打造气象公园、天然氧吧、避暑旅游地等气候生态品牌。

建设高水平气象人才队伍。加大气象高层次人才队伍建设，培养造就一批气象战略科技人才、科技领军人才和创新团队。强化气象人才培养，加强大气科学领域学科专业建设和拔尖学生培养，加强气象教育培训体系和能力建设。优化气象人才发展环境，建立以创新价值、能力、贡献为导向的气象人才评价体系，健全与岗位职责、工作业绩、实际贡献等紧密联系并能充分体现人才价值、鼓励创新创造的分配激励机制，优化基层岗位设置，夯实基层气象人才基础。

进入新时代踏上新征程，我们将以习近平新时代中国特色社会主义思想为指导，坚决落实习近平总书记关于气象工作的重要指示精神，以推动气象高质量发展的实际行动拥护"两个确立"、做到"两个维护"，以更优质更高水平的气象服务为经济社会高质量发展和社会主义现代化强国建设保驾护航。

科技支撑气象高质量发展

张雨东

党中央、国务院高度重视气象工作，习近平总书记作出重要指示，国务院印发了《气象高质量发展纲要（2022—2035 年)》。科技部认真学习贯彻习近平总书记重要指示精神，长期与中国气象局等部门紧密合作，将气象科技创新纳入国家科技创新体系一部署，为气象高质量发展做好科技支撑。

一是加强气象科技创新顶层设计。2022 年 2 月，科学技术部（简称"科技部"）会同中国气象局、中国科学院印发《中国气象科技发展规划（2021—2035 年)》，围绕气象观测、数字化预报等九大技术进行规划布局，实施气象大数据科学等科技创新工程。科技部还将会同有关部门印发《"十四五"公共安全与防灾减灾科技创新专项规划》，整体谋划布局公共安全与防灾减灾科技创新工作。

二是统筹资源支持关键技术攻关。依托国家重点研发计划，安排气象相关项目 40 项，形成了以气象系统研究单位为基础，高校、科研院所及企业聚集的产学研用联动机制，在气象科技领域实现了雷达、卫星、信息等技术应用的多点突破；明显提升了中小尺度区域灾害性天气监测能力。针对重大活动保障，"科技

张雨东，科学技术部副部长。

冬奥"专项首次实现关键点位 10 天精准预报。

三是积极支持气象科技创新体系建设。积极推动气象科研院所改革发展，重视气象相关国家重点实验室建设。将中国气象科学研究院以及 8 个专业气象研究所纳入首批公益性科研院所序列，批准成立了国家气象科学数据中心，批准建设 6 个气象类国家野外观测研究站。建设了灾害天气等 3 个气象科学国家重点实验室，有力支撑和推动了国家气象战略科技力量发展。

下一步，科技部将深入贯彻落实习近平总书记指示精神，组织实施好相关工作。**一是推动科技支撑"监测精密"。**支持发展核心高精尖气象装备，提升对典型灾害性天气系统的精密监测能力；支持国家野外科学观测研究站建设，完善气象综合观测系统布局。**二是加强科技引领"预报精准"。**支持中国气象局数值模式预报性能优化升级，实现全球公里级和局地百米级分辨率数值预报；支持加快发展多尺度多圈层耦合的数值模式系统研究。**三是推动科技保障"服务精细"。**继续支持云降水和人工影响天气机理研究；加强安全生产、提质增效的气象预报预警服务和影响评估关键技术研发。

深化部门合作
全力做好农业气象防灾减灾

张桃林

我国农业气象灾害多发频发重发，特别是近年来，极端异常天气事件增加，给粮食和农业生产带来严峻挑战。农业农村部深入贯彻习近平总书记提出的"两个坚持、三个转变"防灾减灾理念，认真落实党中央、国务院决策部署，不断深化与气象等部门合作，立足于防、着眼于早，准确研判、分区施策，以做好防灾减灾工作的确定性应对灾害发生的不确定性。**一是加强预测预判预警**。建立部门信息共享和会商机制，分析研判灾害性天气影响，每年发布预警信息100多期，为120多万新型经营主体开展直通式气象服务，提早落实好防御措施。**二是强化支持精准指导**。特别是今年，积极应对罕见秋汛影响，中央财政下拨60多亿元支持小麦生产，我部下发30多个技术方案，组派100多名干部、200多名科技人员下沉一线包省包片指导。地方各级农业农村部门也加强与气象等部门合作，分类指导，落细措施。在各地各部门的共同努力下，冬小麦基本挽回了晚播影响，大部分进入灌浆期，长势向好。**三是深化农气合作**。联合建设认定一批特色农业气象服务中心，开展乡村气象服务，提升农村防灾减灾

张桃林，农业农村部副部长。

能力。

助力推进气象高质量发展，对做好农业防灾减灾至关重要。下一步，各级农业农村部门将坚持底线思维、问题导向，不断深化与气象部门合作，全力做好农业防灾减灾工作，确保粮食和重要农产品有效供给。

一是加强灾变规律研究，因地制宜调整结构主动避灾。会同气象部门开展农业气象灾害风险普查，编制灾害风险区划，因地制宜调整作物布局和种植结构，推广适应性种植。加强气候变化对农业生产影响分析，比如研究北方地区暖湿化情况，趋利避害制定农业发展规划，提高应用气候资源水平。

二是加强灾害预判预警，筑牢农业防灾减灾第一道防线。进一步完善与气象等部门信息共享和联合会商机制，研判灾害对农业生产影响，联合制定应对预案、发布预警信息，提高灾害预警的准确性和针对性。聚焦重点地区、主要作物和规模主体，做好灾害预警预判，加快推进新型经营主体直通式气象服务全覆盖，努力做到预警信息到主体、防灾措施到地块，牢牢把握防灾减灾主动权。

三是加强精细化指导服务，减轻灾害影响保障生产安全。会同气象部门联合开展作物全生育期、全环节精细化气象灾害预警服务，分区域、分作物、分灾种、分环节制定技术方案，做好物资储备和技术准备，组派专家组和工作组下沉一线指导服务，落实落细防灾救灾措施。及时向气象部门提出人工影响天气需求，及时开展人工增雨防雹作业，减轻灾害影响。

四是拓宽农气合作领域，助力全面推进乡村振兴。联合气象部门因地制宜开展定制化气象服务和技术指导，积极构建智慧农业气象平台，强化农村防汛抗旱基础设施建设，不断提高农村地区应对气象灾害能力。

打造雄安智慧气象全国样板 推动河北气象事业高质量发展

时清霜

河北省委、省政府深入贯彻落实习近平总书记关于气象工作重要指示精神，加大支持力度，创新思路举措，积极探索实践，与中国气象局共同打造雄安新区智慧气象全国样板，带动全省气象事业实现高质量发展。

加强顶层设计，科学描绘智慧气象蓝图。规划建设雄安新区，是以习近平同志为核心的党中央深入推进京津冀协同发展作出的一项重大决策部署，是千年大计、国家大事。河北省委、省政府与中国气象局签署合作协议，开展深度合作，突出高点定位、创新引领、智慧先行，联合印发《雄安新区智慧气象发展规划》，制定配套文件，精心描绘了具有世界水平和中国特色的智慧气象发展蓝图。省部共同建立雄安新区"一局两台三中心"新型气象组织运转体系和"一脑一网一平台"新型业务体系，探索从硬件到软件、从现实空间到数字空间的全方位智慧气象发展路径。

狠抓项目建设，助力智慧气象快速发展。始终坚持世界眼光、国际标准，将气象项目作为雄安新区首批建设工程，全力夯实智慧气象发展基础。一是建设高水平气象监测站网。瞄准一流

时清霜，河北省政府副省长。

基础设施标准，正在有序组建气象观测基准网和感知泛在网，将"一主八辅"气候观象台纳入新区整体规划。二是完善高精准预报预测系统。利用人工智能、互联网等技术，建成"雄安睿思"快速更新预报系统，可生成"百米级""分钟级"产品，24小时温度、晴雨雪、一般性降水、暴雨雪预报准确率等全国领先。三是打造高科技大数据平台。坚持将"气象大脑"作为雄安新区数字城市的有机组成部分，加快建设"六区一系统一平台"，最大限度发挥气象基础信息资源效益。

着眼社会需求，提升智慧气象服务水平。对标雄安新区"城市智慧化管理"要求，积极推动智慧气象服务融入经济社会发展各领域。一方面，筑牢防灾减灾第一道防线。开展新区气候安全评估和通风廊道构建专题研究，组建涵盖53万条信息的洪灾防御信息数据库；在全国率先开展工地气象风险全景监控，做到未雨绸缪。加快建设新区重大气象灾害监测预警中心，提升多灾种气象监测水平。另一方面，健全行业气象服务体系。着力推进智慧气象与智慧城市、智慧管理、智慧服务相融合，逐步对行业部门、市场主体及社会公众开放公共气象资源，打造气象服务众创平台，发展气象信息服务产业。

下一步，河北省将以国务院印发的《气象高质量发展纲要（2022—2035年）》为遵循，围绕落实省部合作协议，聚焦雄安新区智慧气象重点任务，实施智慧气象服务示范、气象防灾减灾救灾等六大工程，力争尽早建成智慧气象全国样板，为我国气象高质量发展贡献河北力量。

以气象高质量发展
护航国家粮食安全"压舱石"

李海涛

黑龙江是产粮大省，是维护国家粮食安全的"压舱石"，保障粮食安全使命重大、任务艰巨。近年来，黑龙江深入贯彻落实习近平总书记关于粮食安全、防灾减灾救灾和气象工作的重要指示精神，大力推进气象高质量发展，不断提升气象服务保障粮食安全的能力。

高点谋划，明确发展方向。2020年，黑龙江省政府和中国气象局在京签署了新一轮省部合作协议，次年在哈尔滨召开省部联席会议并签署合作备忘录，共同推进更高质量的龙江气象现代化和气象保障国家粮食安全能力建设。近两年，省委、省政府先后出台《关于加快气象现代化建设增强防灾减灾能力助力黑龙江高质量发展的意见》《黑龙江省气象应急保障预案》等一系列政策文件，将气象工作纳入全省"十四五"国民经济和社会发展、数字经济发展、科技创新发展等规划，为气象事业提供了更加优质的发展环境，有力推动了气象现代化提档升级。

靶向推进，形成发展合力。省委、省政府高度重视、密切关注气象事业发展，将气象工作摆在经济社会发展的重要位置，着力推动东北卫星气象数据中心、气象部门突发事件预警信息发布

李海涛，黑龙江省政府副省长、省政协副主席、省政府党组成员。

省级平台以及新一代天气雷达等重点项目工程建设，统筹气象事业发展经费，有力保障了气象业务、人工影响天气作业、气象灾害风险普查等工作快速推进，解决了一批制约龙江气象发展的难题。协调各市政府和相关部门加强对气象基础项目建设、关键技术攻关等工作的支持，并积极与气象部门建立灾害预警联动和预警信息共享机制，汇聚了防灾减灾救灾工作合力，提升了气象服务保障龙江农业生产和粮食安全的能力和效益。

实处落子，提升发展质效。按照"总体先进不落后、部分求强有特色"的龙江气象发展定位，坚持预报跟进、预警叫应、防御联动，党委领导、政府主导、部门联动、社会参与的气象灾害防御机制不断完善。充分利用农业气候资源，坚持趋利避害并举，构建了有专班队伍、有精细指标、有支撑平台、有产品体系、有保障机制、有显著效益的"六有"智慧农业气象服务体系，开展了产前超前服务、产中跟踪服务、产后延伸服务的农业生产全程化服务。重新划分了六条积温带，为种植带北移和扩大早熟品种种植面积提供了决策参考；制定了主要粮食作物高产优质品种区域布局规划，开展了农产品气候品质评价，实行农产品气候品质评价清单式管理，为龙江粮食稳产增产作出了重要贡献。

下一步，黑龙江省将坚持以习近平新时代中国特色社会主义思想为指导，全面贯彻落实《气象高质量发展纲要（2022—2035年）》，以黑龙江省保障粮食安全气象服务体系高质量气象现代化建设先行试点为抓手，加快构建气象为农服务"龙江样板"，为加快"六个龙江"建设、护稳国家粮食安全"压舱石"作出新的更大贡献。

充分发挥气象工作在建设共同富裕示范区中的服务保障作用

徐文光

近年来，浙江省委、省政府深入学习贯彻习近平总书记关于气象工作重要指示精神，认真落实党中央、国务院决策部署，把气象工作摆到经济社会发展重要位置，纳入高质量发展建设共同富裕示范区部署，加快推动高质量气象现代化建设，不断提高气象服务保障能力。

完善体制机制，不断筑牢气象防灾减灾第一道防线。坚持条块结合、上下联动，着力构建气象事业发展大格局。在"条"上，充分发挥气象部门专业优势，持续加强台站基础设施建设，完善省市县三级气象部门一体化突发事件预警信息发布系统，实行气象灾害预警信号属地发布制度，为应对重大气象灾害赢得有效"救命时间"。在"块"上，充分激发县乡基层管理效能，构建"网格＋气象"基层气象防灾减灾工作新模式，建立健全气象发布预警、基层网格响应、应急指挥督导联动等机制，进一步织牢织密基层气象灾害防御安全网。同时在条块之间建立致灾风险联合研判、风险预警联合发布、应急工作联合会商等制度，气象防灾减灾第一道防线成效日益凸显。

徐文光，浙江省委常委、省政府常务副省长、党组成员。

加强成果运用，持续提升气象服务共同富裕的能力。坚持把气象服务作为最基本的公共服务，推动气象发展成果融入生产、生活、生态文明建设全过程和各领域。在农业领域，优化直通式气象服务，开展农产品气候品质认证，开通农产品气象指数保险业务，建立气象服务联盟，助力粮食增产、农民增收。在生态文明建设领域，统筹建设全省温室气体监测网，开展温室气体监测评估，服务国家"双碳"战略。建成全国首个负氧离子实验室，助战"清新空气行动"。同时，不断拓展气象服务领域，比如，为中欧班列提供全天候、跟车式气象服务；推出航运气象指数、锚地供油气象指数等。

强化改革创新，加快推动高质量气象现代化建设。坚持把高质量气象现代化建设作为气象工作核心任务，积极创新工作举措、力争走在前列。扎实推动气象领域数字化改革，打通跨部门数据壁垒，贯通省市县业务系统，实现决策指挥"云服务"、防雷安全"云监管"、气象事项"掌上办"。加密建设地面和雷达监测网，组织多源资料融合预警技术攻关，建立智能化网格预报、精细化短临预警、流域和水库面雨量预报等产品体系。此外，还承担国家强对流（大风）和高温监测预报预警体系建设、大城市气象保障服务高质量发展等试点任务，力争为全国气象高质量发展先行探路。

下一步，浙江省将持续深化省部合作，进一步开拓创新、狠抓落实，推动气象工作再上新台阶，助力高质量发展建设共同富裕示范区，努力为推动气象事业高质量发展作出浙江贡献。

加快推进气象高质量发展
服务现代化美好安徽建设

张曙光

气象事业是科技型、基础性、先导性社会公益事业，是服务和构建新发展格局的重要支撑。党的十八大以来，以习近平同志为核心的党中央高度重视气象事业发展，习近平总书记专门作出重要指示，强调气象工作关系生命安全、生产发展、生活富裕、生态良好，做好气象工作意义重大、责任重大。近日，国务院印发《气象高质量发展纲要（2022—2035 年）》（以下简称《纲要》），部署当前和今后一个时期气象高质量发展的总体目标和重点任务。安徽省坚决贯彻落实习近平总书记关于气象工作重要指示精神，认真落实《纲要》，充分发挥气象服务优势和保障作用，助力现代化美好安徽建设。

加快气象科技自主创新，助力安徽科技创新策源地建设。《纲要》提出，要增强气象科技自主创新能力。安徽正系统推进全面创新改革试验省、合肥综合性国家科学中心、合芜蚌国家科技成果转移转化示范区等建设，加快打造具有重要影响力的科技创新策源地，气象工作借势而动、乘势而上，出台《关于推进气象事业高质量发展助力现代化五大发展美好安徽建设的意见》，

张曙光，安徽省政府副省长、党组成员。

聚焦监测精密、预报精准、服务精细，依托"大气环境立体探测实验研究设施"大科学装置预研、量子计算"双创"平台成功上线等创新优势，加强量子计算、人工智能等新技术在气象领域的应用，提高监测预报预警和服务能力。加强关键核心技术攻关，推动第二轮淮河流域大气科学试验，集多方科技力量推进气象科技创新。打造科技创新平台，融入合肥综合性国家科学中心建设，推动中国气象局野外科学试验基地、省重点实验室、省工程技术研究中心建设，培育高层次气象人才队伍，提升气象科技协同创新能力。

深入推进乡村振兴气象保障服务，助力粮食安全和现代农业发展。《纲要》提出，要提高气象服务经济高质量发展水平，实施气象为农服务提质增效行动。安徽作为农业大省，始终扛稳扛牢粮食安全政治责任，深入实施"藏粮于地、藏粮于技"战略，聚焦粮食安全和乡村振兴，实施农业气象防灾减灾能力提升工程，加强气象基础设施和服务体系建设，完善农业气象综合监测网络，推进中国气象局保障粮食安全智慧气象服务试点，强化"两强一增"行动计划气象保障，推动智慧气象服务赋能数字乡村与数字皖农建设，提升农村气象防灾减灾能力和特色农业气象服务水平。

强化生态文明气象服务保障能力，助力绿色江淮美好家园建设。《纲要》提出，要强化生态文明建设气象支撑。安徽正以"双碳达标"为牵引转变生产发展模式，以"生态系统保护修复"为牵引转变生态环境面貌，以"绿色行动"为牵引转变居民生活方式，充分发挥气象在应对气候变化、开发利用气候资源、生态系统保护和修复中的服务支撑和科技先导作用，开展气候变化影响评估和应对研究，完善温室气体监测站网，提高温室气体监测评估分析能力，高质量推进人工影响天气工作，助力建设具有重要影响力的经济社会发展全面绿色转型区。

发挥气象防灾减灾第一道防线作用，助力平安安徽建设。《纲要》提出，要筑牢气象防灾减灾第一道防线。安徽灾害性天气种类多、分布广，且近年来极端性增强，气象灾害频发重发。结合省情，充分发挥气象监测预报预警的"消息树"作用，提高预报精度、延长预见期，完善以气象预警信息为先导的应急联动机制，加快实施气象监测预报预警工程和生态气象监测预警工程等重大项目，持续提高气象灾害监测预报预警和气象防灾减灾能力，确保人民群众生命财产安全。

下一步，安徽省将牢牢把握《纲要》目标要求，持续深化与中国气象局的合作，加快推进安徽气象事业高质量发展与实施"十四五"规划有效衔接，为推动气象高质量发展注入安徽智慧，以优异成绩迎接党的二十大胜利召开。

筑牢气象防灾减灾第一道防线
全力保障广东高质量发展

孙志洋

近年来，广东深入贯彻落实习近平总书记关于气象工作重要指示精神，认真落实党中央、国务院的决策部署，在中国气象局的指导支持下，扎实有效推进气象防灾减灾第一道防线先行示范省建设。

深化省部合作共建。2020年9月，中国气象局和广东省政府开启第三轮省部合作，共同推进广东气象防灾减灾第一道防线先行示范省建设。广东省委、省政府高度重视、扎实推进气象现代化建设。2021年以来，广东省印发了推进气象防灾减灾第一道防线先行示范省建设的实施意见、气象灾害应急预案等一系列文件，气象发展环境持续优化。

加强气象灾害风险治理。一是深度融入智慧城市建设。开展面向供水、供电、供气等城市生命线安全运行的气象服务，"寓防于治"有效化解交通拥堵、内涝等"城市病"。二是加强农村基层防御。建立台风、暴雨、洪水预警信号及强降水短临预警与市县镇村四级防御行动挂钩机制，为受灾农户提供巨灾和农业气象指数保险服务。三是增强群众防范自觉。将气象防灾信息融入

孙志洋，广东省政府副省长、党组成员。

"数字政府"平台，以媒体矩阵将信息送到千家万户，气象防灾科普成效明显。

强化气象服务供给。一是夯实气象服务基础。粤港澳大湾区气象监测预警预报中心（深圳）建成运行，世界气象中心（北京）粤港澳大湾区分中心和气象科技融合创新平台落地建设。二是打好绿色发展"气象牌"。成立中国气象局温室气体监测与评估中心广东分中心，初步建成珠三角监测站网。加强臭氧高空探测研究，打好蓝天保卫战。三是打造现代智慧气象。高标准建设交通、旅游等10个行业气象服务应用场景，"气象+""+气象"实现融合发展。

加快气象科技自主创新。一是聚焦监测精密补短板。建成大湾区X波段双极化相控阵天气雷达网并向全省拓展，推进"村村有气象观测"，偏远地区气象基础监测能力大幅提升。二是聚焦核心技术破难题。构建以区域数值预报模式为中心的气象科技自立自强业务体系，统筹"天河二号"等资源支持运行，实现"国之重器广东造"。三是聚焦根本大计汇人才。通过"珠江人才计划"引进6名气象专家，打造高水平科技创新团队，引才聚才用才良好局面加快形成。

下一步，广东省将认真贯彻落实《气象高质量发展纲要（2022—2035年）》部署，全力推动气象工作创新发展，加快建设气象防灾减灾第一道防线先行示范省，为推动气象高质量发展作出广东贡献，以实际行动迎接党的二十大胜利召开。

以高品质气象服务
保障重庆山清水秀美丽之地高质量建设

郑向东

　　重庆地处长江上游和三峡库区腹心地带，生态安全责任重大。近年来，重庆深学笃用习近平生态文明思想，强化上游意识，担起上游责任，积极探索生态优先、绿色发展新路子，充分发挥气象科技支撑作用，着力建设山清水秀美丽之地，切实筑牢长江上游重要生态屏障。

　　坚决贯彻落实习近平生态文明思想，切实加快山清水秀美丽之地建设。重庆市委、市政府带领全市上下深入贯彻落实习近平总书记关于气象工作重要指示精神和对重庆提出的系列重要指示要求，统筹推进气象事业和重庆经济社会发展，将气象重点工程列入生态文明建设、乡村振兴、新型智慧城市建设、三峡后续等重点项目，"党政领导、气象牵头、部门协作"的生态文明建设气象保障工作机制日益完善，气象服务山清水秀美丽之地建设取得明显成效。

　　坚决贯彻落实"共抓大保护、不搞大开发"要求，切实强化长江上游重要生态屏障气象保障。围绕生态空间优化，开展国土空间规划和"三线一单"划定气象评价。围绕生态系统保护修

郑向东，重庆市政府副市长、党组成员。

复，组建生态气象与卫星遥感监测中心，服务山水林田湖草系统治理。围绕国土绿化扩面提质，加强森林防灭火和林业有害生物防控气象服务，服务"两岸青山·千里林带"建设。围绕三峡库区生态综合治理，开展三峡库区消落带和石漠化区域监测评估，助力增强库区生态涵养功能。围绕大气环境治理改善，强化重污染天气共同应对、应急响应一体联动，加强"蓝天行动"人工增雨作业，实现"蓝天常驻"。

坚决贯彻落实"绿水青山就是金山银山"要求，切实做好绿色低碳发展气象文章。念好"山字经"，加强山地特色高效农业气象服务保障，打造69个市级优质农产品、宜居宜游乡村气候品牌，促进农民增收、农业增效。用好"水资源"，开展三峡库区重点河流和水库富营养化遥感监测评估，助力守护"一江碧水"。打好"气候牌"，推进三峡生态气候旅游示范带建设，创建15个国家气候标志，助力重庆全域旅游发展。写好"碳文章"，开展碳源碳汇监测核查研究，积极服务重庆适应气候变化和实现碳达峰碳中和。

坚决贯彻落实"人民至上、生命至上"要求，切实发挥气象防灾减灾第一道防线作用。将气象灾害防御体系建设纳入全市防汛救灾应急体系筹推进。建立极端暴雨"熔断"机制，以气象灾害预警为先导的政府和社会联动机制不断完善。重点强化流域暴雨灾害监测预警服务，加强中小河流洪水、山洪、地质灾害、水土流失和森林火灾等生态灾害风险预报预警服务。基本建成市—区县—镇街—村社四级预警工作体系和市—区县—镇街—

村社—户—人六级预警传播体系，村级预警工作站覆盖率达到73%，重大灾害预警信息到村到户到人。"十三五"期间因气象灾害死亡失踪人数同比减少23.8%。

坚决贯彻落实"气象工作关系生态良好"要求，切实提升气象服务保障能力。结合西南气象业务能力提升，支持气象科技创新中心建设，初步建成"监测精密""预报精准""服务精细"和"防灾减灾第一道防线"智慧气象业务技术体系。生态气象大数据平台实现18个重点部门110类数据共享，山水林田湖草生态气象综合观测布局不断优化，气象观测、预报空间分辨率分别达到6.3公里、2.5公里，暴雨过程预报准确率达到90%，气象服务保障能力显著增强。

下一步，重庆市将进一步深学笃用习近平生态文明思想，认真贯彻实施《气象高质量发展纲要（2022—2035年）》，以高质量气象服务进一步筑牢长江上游重要生态屏障，加快山清水秀美丽之地建设，努力在推进长江经济带绿色发展中发挥示范作用，以实干实绩迎接党的二十大胜利召开。

充分发挥气象工作在实现新疆社会稳定和长治久安中的服务保障作用

芒力克·斯依提

新疆维吾尔自治区幅员辽阔、山河壮美，是我国面积最大的省份，也是丝绸之路经济带核心区。近年来，在党中央坚强领导和全国各族人民大力支持下，新疆维吾尔自治区坚决贯彻落实新时代党的治疆方略，社会大局稳定，人民安居乐业，迎来了经济高质量发展的重要战略机遇期。气象工作关系生命安全、生产发展、生活富裕、生态良好，气象事业是科技型、基础性、先导性社会公益事业。新疆维吾尔自治区党委、政府深入学习贯彻习近平新时代中国特色社会主义思想和习近平总书记关于气象工作重要指示精神，加大支持力度，创新思路举措，积极探索实践，与中国气象局共同规划气象现代化建设目标任务，推动全区气象高质量发展。

筑牢气象防灾减灾第一道防线、加强极端天气灾害防御能力建设事关国计民生，事关人民生命财产安全。2021年3月，新疆维吾尔自治区政府与中国气象局开启第二轮区部合作，进一步深化合作机制和共建内容，先后出台推进气象防灾减灾、气象灾害应急预案等系列文件，气象发展环境持续优化。未来，将致力于

芒力克·斯依提，新疆维吾尔自治区政府副主席、党组成员。

建立致灾风险联合研判、风险预警联合发布、应急工作联合会商等制度，充分发挥气象防灾减灾第一道防线作用。

建设生态文明是关乎人民福祉、民族未来的长远大计。水是新疆经济社会发展的命脉，水资源短缺是新疆生态保护和生态文明建设中最大的资源约束，人工影响天气工作运用科技手段，合理开发利用空中云水资源，成本低、效益好、潜力大，是增加新疆水资源供给的有效途径。近年来，新疆人工影响天气工作快速发展，作业能力和管理水平不断提升，在助力生态保护与修复、保障水安全、保障农业生产、做好重点领域服务和防灾减灾救灾等方面发挥了重要作用。新疆的国家生态文明建设示范市县和"两山"实践创新基地越来越多，生态环境质量和人居环境状况得到显著改善。未来，将不断优化完善人工影响天气工作机制，切实加强人工增雨（雪）应用研究，有效开发利用空中云水资源，增加地表水可利用量及地下水补给量。

科学技术是第一生产力，是提升我国综合国力的必要条件。推动气象高质量发展，构建科技领先、监测精密、预报精准、服务精细、人民满意的现代气象体系，离不开持续加强气象科技创新与基础能力建设，大力实施创新驱动发展战略。近年来，新疆维吾尔自治区气象部门认真贯彻新发展理念，以科技创新为引领，以人才队伍建设为支撑，气象现代化水平明显提升，在防灾减灾、乡村振兴、生态文明建设、丝绸之路经济带核心区建设等方面发挥了重要作用。未来，将紧盯自治区发展需求，大力加快气象科技创新，不断拓展气象服务领域，既要搞好基础研究，又要围绕灾害性天气预报预警、气候变化等方面加强关键核心技术攻关，推动气象发展成果融入生产、生活、生态文明建设全过程和各领域。

下一步，自治区将深入学习贯彻《气象高质量发展纲要（2022—2035年）》，完整准确贯彻第三次中央新疆工作座谈会精神和新时代党的治疆方略，全面贯彻落实自治区党委十届三次全会精神，牢记初心使命，立足本职工作，全力推进新疆气象高质量发展，更好地服务和保障自治区经济社会发展和人民福祉安康。

深入理解《纲要》内容
切实抓好贯彻落实

于新文

为全面贯彻落实党中央、国务院决策部署，适应新形势新要求，2022 年 4 月 28 日，《气象高质量发展纲要（2022—2035 年）》（国发〔2022〕11 号，以下简称《纲要》）以国发文形式正式印发；5 月 19 日，《纲要》文本正式在中国政府网公开；同日，胡春华副总理出席全国气象高质量发展工作电视电话会议并做重要讲话，会议在各省、市、县政府设分会场。当前和未来一段时期，深刻理解《纲要》出台的重大意义，准确把握主要内容，统筹推进各项任务实施，是气象系统工作的重中之重，要立足实际，多措并举抓好贯彻和落实。

一、《纲要》出台的背景

党中央、国务院历来高度重视气象工作。在新中国气象事业 70 周年之际，习近平总书记专门作出重要指示，指明了新时代气象事业发展的根本方向、战略定位、战略目标、战略重点、战略任务；李克强总理作出重要批示；胡春华副总理就贯彻落实习近平总书记重要指示、李克强总理重要批示作出系统部署。

于新文，中国气象局党组成员、副局长。

围绕贯彻落实党中央、国务院关于气象工作的重要指示批示精神，中国气象局党组高度重视、精心组织、科学谋划，会同有关部门深入开展专题研究，充分调研基层气象发展，研究借鉴国际气象发展经验，反复听取有关部门、各省（区、市）人民政府、新疆生产建设兵团及有关院士、专家、气象工作者的意见建议，历时两年半，推动《纲要》正式出台。《纲要》是继国务院印发《关于进一步加强气象工作的通知》（国发〔1992〕25 号）和《关于加快气象事业发展的若干意见》（国发〔2006〕3 号）之后的又一个国务院发文，是指导当前和今后一个时期推动气象高质量发展的纲领性文件。《纲要》编制出台的过程，是立足实际谋划到 2035 年气象高质量发展目标任务的过程，是科学民主决策、汇聚众智众力、广泛凝聚共识的过程。《纲要》充分体现了政治性、全局性、战略性和专业性，兼顾了面向各级地方政府、各有关部门气象支撑保障需求和社会公众的通俗性要求。

党的十八大以来，在以习近平同志为核心的党中央坚强领导下，在习近平总书记亲自指示和亲切关怀下，气象事业实现了跨越式发展、取得了显著成就，为促进经济社会发展、保障和改善民生、防灾减灾救灾等作出重要贡献，为新发展阶段气象高质量发展奠定了坚实基础。在全球气候变暖背景下，极端天气气候事件广发、频发、重发、并发，经济社会发展与气象影响的敏感性和关联性越来越强，人民美好生活对气象服务的需求越来越精细，生态文明建设对气象保障的要求越来越迫切。进入新发展阶段，气象要为经济社会高质量发展和社会主义现代化强国建设提供有力支撑，国务院专门出台《纲要》，对加快推动气象高质量发展具有重大意义。

二、《纲要》的主要内容

《纲要》以习近平新时代中国特色社会主义思想为指导，以习近平总书记的重要指示精神为根本遵循，提出了气象高质量发展的总体思路。**这个总体思路，概括来讲就是五个"一"和两个"三"。五个"一"具体是指，要牢记一个定位**：气象事业是科技型、基础性、先导性社会公益事业；**要明确一个导向**：以提供高质量气象服务为导向；**要聚焦一条主线**：以加快推进气象现代化建设为主线；**要构建一个体系**：构建科技领先、监测精密、预报精准、服务精细、人民满意的现代气象体系；**要突出一个重点**：充分发挥气象防灾减灾第一道防线作用。**两个"三"具体是指：要把握三个面向**：面向国家重大战略、面向人民美好生活、面向世界科技前沿；**要做到三个坚持**：坚持创新驱动发展、坚持需求牵引发展、坚持多方协同发展。通过践行上述发展思路，推动气象全方位保障生命安全、生产发展、生活富裕、生态良好，更好满足人民日益增长的美好生活需要，为加快生态文明建设、全面建成社会主义现代化强国、实现中华民族伟大复兴的中国梦提供坚强支撑。

《纲要》将国家经济社会发展，特别是相关重大战略部署对气象的要求落实到新阶段气象事业发展中，明确了到 2025 年、2035 年的发展目标。**到 2025 年**，气象关键核心技术实现自主可控，现代气象科技创新、服务、业务和管理体系更加健全，监测精密、预报精准、服务精细的能力不断提升，气象服务供给能力和均等化水平显著提高，气象现代化迈上新台阶。**到 2035 年**，气象关键科技领域实现重大突破，气象监测、预报和服务全球领先，国际竞争力和影响力显著提升，以智慧气象为主要特征的气象现代化基本实现。气象与国民经济各领域深度融合，气象协同发展机制更加完善，结构优化、功能先进的监测系统更加精密，无缝隙、全覆盖的预报系统更加精准，气象服务覆盖面和综合效益大幅提升，全国公众气象服务满意度稳步提高。**就是要实现"一二三四五"的目标："一"是总目标：**要基本实现以智慧气象为主要特征的气象现代化，也就是建成科技领先、监测精密、预报精准、服务精细、人民满意的现代气象体系。**"二"**是气象防灾减灾第一道防线和国民经济全方位保障两方面的作用显著增强，推动开放融合、普惠共享的服务系统更加精细。**"三"**是地球系统数值预报模式、灾害性天气预报、重大气象观测装备三大关键科技领域实现重大突破，推动气象科技加快创新。**"四"**是国家天气、气候及气候变化、专业气象和空间气象四类观测网基本建成，推动结构优化、功能先进的监测系统更加精密。**"五"**是形成"五个 1"的精准预报能力，提前 1 小时预警局地强天气，提前 1 天预报逐小时天气，提前 1 周预报灾害性天气，提前 1 月预报重大天气过程，提前 1 年预测全球气候异常，推动无缝隙、全覆盖的预报系统更加精准。

为实现上述发展目标，聚焦基本建成以智慧气象为主要特征的气象现代化,《纲要》提出了重点推动的七大发展任务。

一是增强气象科技自主创新能力。坚持创新驱动发展,强化气象战略科技力量配置,通过加强关键核心技术攻关和气象科技创新平台建设,完善气象科技创新体制机制,不断提高气象创新链整体效能。

二是加强气象基础能力建设。准确把握世界科技发展新趋势,深化新技术融合应用,通过建设精密气象监测系统、精准气象预报系统、精细气象服务系统和气象信息支撑系统,夯实智慧气象的能力基础。

三是筑牢气象防灾减灾第一道防线。坚持人民至上、生命至上,通过提高气象灾害监测预报预警能力、全社会气象灾害防御应对能力、人工影响天气能力和加强气象防灾减灾机制建设,调动各方力量凝聚气象防灾减灾合力,为人民群众生命安全做好坚强保障。

四是提高气象服务经济高质量发展水平。主动融入和服务现代化经济体系建设,助力经济循环畅通和国家重大战略实施,通过开展气象为农服务提质增效行动、海洋强国气象保障行动、交通强国气象保障行动、"气象+"赋能行动、气象助力区域协调发展行动,为生产发展提供基础力量。

五是优化人民美好生活气象服务供给。对标人民美好生活对气象服务多样化的需求,不断提升气象服务的针对性、有效性和均等化水平,通过加强基本公共气象服务供给和高品质生活气象服务供给,建设覆盖城乡的气象服务体系,为生活富裕做好基本民生服务。

六是强化生态文明建设气象支撑。 科学应对气候变化，助力碳达峰碳中和行动，促进人与自然和谐共生，通过强化应对气候变化科技支撑、气候资源合理开发利用、生态系统保护和修复气象保障，为生态良好提供坚实支撑。

七是建设高水平气象人才队伍。 遵循人才成长规律，充分发挥人才第一资源的作用，通过加强气象高层次人才队伍建设、强化气象人才培养、优化气象人才发展环境，更好地发挥人才引领气象高质量发展的关键作用。

《纲要》明确了强化组织实施的具体措施，要求各地区各部门加强组织领导、统筹规划布局、加强法治建设、推进开放合作、加强投入保障，切实推动各项任务落实，凝聚形成共同加快推进气象高质量发展的强大合力。

三、需要说明的几个问题

《纲要》还提出了一些新的观点，简单说明如下：

第一，关于气象事业是科技型、基础性、先导性社会公益事业的定位。 这次《纲要》在《中华人民共和国气象法》确定的"基础性"和《国务院关于加快气象事业发展的若干意见》（国发〔2006〕3号，以下简称三号文件）确定的"科技型"基础上，增加了"先导性"，这是在新的发展形势下，党中央、国务院对气象提出的更高要求。气象已日益成为做好防灾减灾救灾的优先条件、保障经济社会发展的前瞻要素和应对气候变化的科学前提，大家要从推动气象高质量发展全局层面理解和把握。

第二，关于基本实现以智慧气象为主要特征的气象现代化的目标。智慧气象是一个动态的过程，特别是随着新一代信息技术的发展，以及经济社会各行各业对气象服务保障的更高要求，智慧气象被赋予了更深的内涵和更广的外延。大家要从落实习近平总书记重要指示精神的角度去理解和把握，特别是在新形势下，智慧气象对推动监测精密、预报精准、服务精细的作用，要在气象科技创新、业务、服务和管理体系建设中落实落细。

《纲要》是指导当前和今后一个时期推动气象高质量发展的纲领性文件。各级气象部门要加强对《纲要》的学习和理解，进一步提高政治站位，强化组织领导，切实增强责任感、紧迫感，落实主体责任，以高质量推进完成《纲要》各阶段目标任务为重点，持续强化财政和项目建设经费保障，积极发挥《纲要》对任务部署、投资方向、预算安排、工程项目立项和建设等的引导作用，把高质量发展的要求贯彻气象现代化建设全过程，通过加快推动气象现代化建设切实提高发展的质量和效益，全面提高气象服务保障成效。

坚持党管人才
建设高水平气象人才队伍

陈振林

习近平总书记在新中国气象事业 70 周年作出的重要指示，从战略和全局的高度，对推进气象高质量发展、提高气象服务保障能力提出明确要求。为深入贯彻落实习近平总书记关于气象工作重要指示精神，国务院印发《气象高质量发展纲要（2022—2035 年）》，明确了新发展阶段推进气象高质量发展的指导思想、主要目标和任务举措。

国以才立，业以才兴。习近平总书记强调：办好中国的事情，关键在党，关键在人，关键在人才。气象事业是科技型、基础性、先导性社会公益事业，人才在气象事业发展中发挥着至关重要、不可替代的作用。贯彻落实习近平总书记重要指示，加快推进气象高质量发展，必须毫不动摇地贯彻落实中央人才工作会议精神，坚持党对气象人才的全面领导，坚持人才引领发展的战略地位，坚持面向世界科技前沿、面向经济主战场、面向国家重大需求、面向人民生命健康，加快建设一支矢志爱国奉献、勇于创新发展的高水平气象人才队伍，着力构建科技领先、监测精密、预报精准、服务精细、人民满意的现代气象体系，充分发挥

陈振林，中国气象局党组成员、副局长。

气象防灾减灾第一道防线作用，全方位保障生命安全、生产发展、生活富裕、生态良好，为实现第二个百年奋斗目标、实现中华民族伟大复兴的中国梦作出新的更大的贡献。

以强化政治引领、健全人才服务为主线，切实加强党对人才工作的全面领导。气象事业是党的事业，是人民的事业。新中国气象事业的发展历程充分证明，党的领导是气象事业不断发展壮大、取得历史性成就的根本保证，也是气象人才队伍持续健康发展的根本保证。一部新中国气象事业发展史，就是党集聚人才、团结人才、成就人才、壮大人才的历史。特别是改革开放以来，在中国气象局党组的坚强领导下，气象人才队伍专业水平不断提升、结构持续优化、整体素质显著提高，在职人员本科以上学历比例达到88.2%，硕士以上比例达到24.6%，拥有博士1700余人；中级职称以上比例超过70%；有正高级职称专家1800余人，专业技术二级岗位专家200余人；大气科学专业占比超过51%，初步建成以大气科学为主体、多种专业有机融合的高素质气象人才队伍。做好新时代气象人才工作，必须坚持党对人才工作的全面领导，全方位支持、保障、激励、服务、帮助人才，千方百计成就人才，充分发挥党作为领导核心的政治优势，坚定不移地把党管人才原则贯穿建设高水平气象人才队伍全过程和各环节。要按照党中央的部署和要求，完善气象人才工作领导体制机制，加快形成党组（党委）统一领导，人事部门牵头抓总，职能部门各司其职、密切配合的气象人才工作新格局。要大力加强对气象人才的政治引领，把做好人才的思想政治工作作为党建工作和人才工作的重要内容，大力弘扬科学家精神、工匠精神和气象部门"准确、及时、创新、奉献"的优良传统作风，大力宣传优秀人才典型，引导广大气象人才心怀"国之大者"，听党话、跟党走，主动担负起推进气象高质量发展的使命责任。要强化人才服务保障，对人才做到政治上充分信任、工作上创造条件、生活上关心照顾，为人才办实事、做好事、解难事，用心、用情、用力做好人才服务工作，帮助解决人才的合理要求，解决人才后顾之忧。

以激发人才活力、全方位用好人才为核心，持续深化气象人才发展体制机制改革。体制顺、机制活，则人才聚、事业兴。气象人才队伍要有力支撑保障气象高质量发展，必须按照党中央加强和改进新时代人才工作的部署要求，持续深化气象人才发展体制机制改革，围绕人才培养、引进、使用、评价、激励、流动、服务等关键环节出实招、下实功、求实效，着力激发气象人才创新创造活力。要改革人才管理制度，落实"向用人单位放权、为人才松绑"要求，赋予用人单位更大自主权。要改进人才培养机制，优化气象人才选拔支持方式，促进人才培养和团队建设的良性互动，形成合理的气象人才梯队结构和领域分布。要完善人才使用机制，坚持"四个面向"，破除部门人才、行业人才使用障碍，围绕解决地球系统数值预报模式、远洋气象导航服务等"卡脖子"技术需要，建立跨层级、跨单位调配优秀气象人才工作机制，推动项目、人才、资金一体化配置。要健全人才评价机制，坚决破除"四唯"现象，建立健全以学术道德和创新能力、质量、实效、贡献为导向的，充分体现气象特色和岗位特点的人才评价体系。要强化人才激励保障，充分发挥绩效工资分配的激励导向作用，加大对气象业务科研关键岗位、骨干人才和做出突出贡献人才的激励力度，健全气象科技成果向气象业务服务转化应用的激励机制。

以搭建人才平台、提升创新能力为目标，全力打造气象人才高地与创新平台。贯彻落实党中央加快建设世界人才中心和创新高地的战略部署，集中优势资源，创新体制机制，加快建设高水平气象人才高地和承载一流气象人才的创新平台。围绕地球系统数值预报模式、卫星气象、雷达气象、气象信息等重点领域，国家级气象业务科研单位要利用自身优势充分发挥吸引和集聚人才作用，建设高水平气象人才高地；北京、上海、粤港澳大湾区气象部门要主动融入国家人才高地和人才平台建设规划布局，聚焦增强集聚和培养高层次人才能力、激发人才创新创造活力、完善人才服务保障等方面深化人才发展体制机制改革，建设气象人才高地；一些气象高层次人才集中的中心城市要建设集聚气象人才的平台，形成一批在气象系统具有引领作用、在气象行业具有集聚效应、在国际气象界具有比较优势的气象人才高地和人才平台。要统筹资源，集中力量办好气象部门内国家级科研院所、省部级重点实验室（工程技术中心）、博士后工作站等创新平台，推进青岛海洋气象研究院、上海亚太台风中心、青藏高原气象研究院等新型研发机构建设，打造一批能够承载一流气象人才的创新平台。

以做大做强高层次人才、夯实基层人才为重点，统筹抓好气

象骨干人才队伍建设。气象高质量发展关键靠人才。要围绕气象业务科研工作的主要专业领域，建设气象预报队伍、气象服务队伍、气象监测队伍、信息技术队伍和业务支撑队伍"五支队伍"。要充分发挥气象战略人才力量的引领和带动作用，加快培养支撑监测精密、预报精准、服务精细要求的战略科技人才、科技领军人才和创新团队，加快培育能挑大梁、当主角的青年科技人才。要完善气象战略科技人才发现、培养、激励机制，建立健全气象战略科技人才负责制，培养一批站在气象科技发展最前沿，具有深厚学术造诣和卓越科技组织领导才能，能够发挥科技帅才作用的气象战略科技人才。要围绕重大气象服务保障、重大业务工程建设、重大科研项目攻关需求，着力集聚部门内外优秀人才，实行团队牵头人负责制和"军令状"制度，遴选培养一批领军人才和创新团队。要实施气象专业优秀毕业生接续培养计划，健全气象部门国内高级访问学者研修机制，持续实施气象科技骨干人才海外培养项目和国际组织专业人才项目，培养具有国际视野、国际竞争力和创新能力的青年人才。要积极解决基层人才队伍建设中的难点问题，在基层台站专业技术人才中实施职称"定向评价、定向使用"政策，开展"青年气象人才下基层"活动，建立新入职高校毕业生基层实习锻炼制度，夯实基层气象人才队伍。

以提高人才培养质量、增强自主培养能力为导向，着力加强气象人才培养和引进。培养人才是国家和民族长远发展的大计，也是持续推进气象高质量发展的关键。要着力提升气象基础人才的供给数量与培养质量，着力增强人才自主培养能力，努力集聚全球高端气象人才和智力资源，建设一支高素质专业化气象人才队伍。要强化局校合作，推动高校加强大气科学领域学科专业建设和拔尖学生培养，有序增加设立大气科学类专业高校数量，扩大招生规模；鼓励和支持国家级气象业务科研单位、新型研发机构与高校联合培养气象研究生，增加气象人才"源头活水"。要坚持需求导向和以用为本，围绕全球监测、全球预报、全球服务，精准引进气象领域急需紧缺人才和创新团队。在"一带一路"气象合作以及地球系统、气候变化等领域，探索牵头组织国际大科学计划和大科学工程。充分发挥联合国政府间气候变化专门委员会（IPCC）、联合国亚太经社会／世界气象组织台风委员会等国际组织以及世界气象中心（北京）、北京气候中心（BCC）、世界气象组织区域培训中心（北京）等机构的作用，加强气象科技国际交流合作，强化国际组织人才培养输送，为构建人类命运共同体贡献气象力量。要优化布局气象教育培训体系，加强培训能力建设，加强气象人才政治素质培训、现代气象业务培训和满足基层气象服务需求的特色培训，促进气象人才队伍适应高质量发展需求。

强化科技创新能力建设
不断提高精准预报水平

毕宝贵

近期，国务院印发《气象高质量发展纲要（2022—2035年）》（以下简称《纲要》）。《纲要》以习近平总书记关于气象工作的重要指示精神为根本遵循，是指导当前和今后一个时期气象高质量发展的纲领性文件。《纲要》明确，到 2025 年，气象关键核心技术实现自主可控；到 2035 年，气象关键科技领域实现重大突破，以智慧气象为主要特征的气象现代化基本实现。

《纲要》将增强气象科技自主创新能力列为首要任务，并提出要形成"五个 1"的精准预报能力，即提前 1 小时预警局地强天气、提前 1 天预报逐小时天气、提前 1 周预报灾害性天气、提前 1 月预报重大天气过程、提前 1 年预测全球气候异常。"五个 1"的实现，必须紧紧依靠科技创新来驱动，必须抓细抓实气象科技创新各项举措，持续提高气象创新体系和创新链整体效能。

增强科技自主创新能力，不断提升对气象业务支撑水平

气象是科技型、基础性、先导性社会公益事业，这一定位更加凸显了科技创新是引领气象高质量发展的第一动力，要始终把科技创新摆在核心位置，努力为气象业务发展提供有力支撑。

毕宝贵，中国气象局党组成员、副局长。

一是加快突破气象关键核心技术。加快实施国家气象科技中长期发展规划，以提高预报准确率为牵引，进一步明确重点研究领域和优先发展方向，凝聚优势科研力量。既要围绕天气机理、气候规律、气象灾害发生机理以及地球系统多圈层相互作用等基础研究"十年磨一剑"，更要瞄准气象"卡脖子"关键技术，持续在地球系统数值预报、灾害性天气预报、气象卫星和雷达等领域开展技术攻关，加快实现关键核心技术的自主可控。

二是不断强化国家气象战略科技力量。统筹气象科技领域学科设置、研发布局、团队发展、科技资源和基础设施建设，加快推动国家气象战略科技力量发展，形成气象科技创新"拳头力量"。要明确国省两级科研和业务单位主攻方向，统筹推进现有国家级科研院所和气象领域国家重点实验室、研究型大学、野外科学观测研究站等机构和平台资源整合，既要发展一批气象新型研发机构和产业技术创新联盟，也要发现培养一批气象战略科学家、领军人才和青年科技人才。

三是持续完善气象科技创新体制机制。用好科技创新各项政策，推动国家级气象科研院所改革，建立联合攻关协同创新机制，推动气象重点领域项目、平台、人才、资金一体化配置。优化科技项目管理方式，特别是针对国家重点研发计划气象领域项目和国家自然科学气象联合基金，既要建立以业务需求为导向的科研立项评审机制，也要确立以业务转化为导向的科技成果评价机制，还要加快构建以业务贡献为导向的科研机构平台和人才团队评估机制。

以科技创新推动气象业务高质量发展，着力构建"五个1"精准预报业务

"预报精准"在气象业务中发挥着"龙头作用"，将促进"监测精密"的科学布局，支撑"精细服务"的提质增效，必须全面强化气象科研和业务发展深度融合，发展研究型业务。《纲要》提出"五个1"精准预报目标，将引领预报技术持续创新、流程不断优化、体系趋于完备。

一是着眼"数字、智能"，持续推进预报技术迭代创新。通过加强合作，推进地球系统数值预报模式这个数字气象"芯片"的研发和迭代。应用人工智能技术，发掘地球系统观测和数值模式产品等海量数据价值，推动灾害性天气识别、短时临近预警、短中期预报、气候预测、气候变化及检验评估等全系列技术的数字化创新和标准化升级。

二是着眼"协同、高效"，持续推进新型业务技术体制改革。基于地球系统大数据云平台，以数据为中心贯通观测、预报和服务的业务大循环，持续优化国省市县四级气象业务与研发布局。将多源数据融合、全国预报一张网等"技术密集型"的产品和业务，向国家级和省级气象部门集约，向"云上"集成；而产品应用、预警服务等"服务密集型"业务向市级和县级气象部门下沉，通过"云—端"互动，更加高效直通服务防灾减灾和社会各行各业。

三是着眼"无缝隙、全覆盖"，持续推进预报业务体系完备。进一步提高全球预报、灾害性天气预报和重要气候事件监测预测

能力，改进台风、海洋等专业预报模式。建立协同、智能、高效的综合预报预测分析平台，改革优化预报业务考核体系，构建从分钟到年代际、从局地到全球、从陆海到外空间的时空无缝隙、要素全覆盖的预报预测业务，全面支撑"五个1"的精准预报。

着力数据、算力和算法科技创新，强化精准预报"数智化"支撑

以大数据、人工智能、云计算等为代表的新一轮科技革命同样为精准预报能力提升带来机遇。观测（数据）是一切预报的出发点，超级计算机（算力）使数值预报快速发展，而算法（智力）则将原点时刻演算成未来时刻。数据、算力和算法，现代人工智能的三驾马车，是精准预报必须筑牢的"数智化"基础设施。

要统筹发展与安全，强化地球系统大数据共建共享。实现精准预报，必须发展地球系统数值预报模式，构建数字孪生大气，仿真地球大气对人类活动的影响。上述目标要求加快地球系统大数据平台建设，推动相关部门对地观测数据的共建共享。要保护好数据知识产权，实现高价值气象数据的安全有序流动。

适度超前迭代，提升气象算力水平。迭代升级气象超级计算机系统，优化资源管理效能，是推动我国数值预报模式追赶国际先进的必要条件。要不断提升智能加速计算和分布式云计算能力，高频、海量地球系统数据才能得到及时处理和有效应用，才能让预警信息跑在气象灾害的前面。

坚持融合创新，完善精准预报算法体系。预报算法是各国气象部门的核心竞争力。发展自主可控的地球系统数值模式，关键是构建精准预报算法体系的国产"内核"。以此为基础，健全大数据与人工智能技术为支撑的"二次算法"体系，推动构建精准预报的丰富算法生态，才能把地球系统多元数据融合应用为精准预报预警产品。

在新时代新征程上，我们要深入贯彻落实习近平总书记关于气象工作的重要指示精神和科技创新重要论述精神，以《纲要》提出的目标为引领，持续不断推动气象科技自主创新能力建设，加快实现关键核心技术自主可控和关键科技领域重大突破，不断提升监测精密、预报精准、服务精细的能力和水平，如期建成以智慧气象为主要特征的气象现代化，为促进经济社会高质量发展提供有力支撑。

提升气象精细服务水平
全面保障经济社会高质量发展

张祖强

在我国进入全面建设社会主义现代化国家、迈向第二个百年奋斗目标的新征程上,《气象高质量发展纲要（2022—2035 年）》（以下简称《纲要》）重磅出台。这是贯彻落实习近平总书记关于气象工作重要指示精神的重大举措,充分彰显党中央国务院对气象工作的高远谋划和战略部署,生动擘画了气象高质量发展的宏伟蓝图。

《纲要》提出,以提供高质量气象服务为导向,锚定服务精细,全方位保障生命安全、生产发展、生活富裕、生态良好,筑牢气象防灾减灾第一道防线,提高气象服务经济高质量发展水平,优化人民美好生活气象服务供给,强化生态文明建设气象支撑,为推动气象服务高质量发展提供了具有全局性、方向性、战略性的思想指引与行动指南。

立足"两个大局",增强气象服务先导性主动性

当今世界正经历百年未有之大变局,世界力量格局深刻调整转型,中国国际影响力快速提升,机遇挑战与矛盾风险复杂交

张祖强,中国气象局党组成员、副局长。

织。在这样的时代背景下，推动中国式现代化和中华民族伟大复兴，增强经济社会应对自然灾害风险的韧性，统筹发展与安全，对气象服务保障提出了前所未有的高标准、新挑战。

放眼全球，纷繁复杂的国际形势亟待气象服务更多"出圈"。当前，俄乌冲突、世纪疫情、气候变化给粮食安全、经济发展和防灾减灾带来的不确定性增加。同时，中巴经济走廊日益繁荣、中欧班列高位运行，远洋导航蓄势待发，"一带一路"朋友圈的扩大亟须气象服务有力保障。这要求气象服务既要守牢安全底线，为保障粮食安全、能源安全、公共安全、生态安全等提供全方位气象保障服务，又要走出国门提供伴随式服务，贡献中国气象智慧与力量。

立足国内，经济社会发展和社会公众亟待气象服务更好"赋能"。极端天气多发成为新常态，经济社会系统对气象影响的敏感性和关联性越来越强，平安中国、美丽中国、交通强国、海洋强国等重大战略实施需要气象保驾护航，人民群众美好生活呼唤高品质、多样化、个性化的气象服务，气象工作必须紧贴国家和人民需求，全面融入经济社会发展全局，全方位服务保障现代化强国建设。

着眼自身，新发展阶段亟待气象服务更快"升级"。人工智能、移动通信、物联网等新一代信息技术广泛应用，科技变革催生气象服务业态革新、供给结构优化、技术产业升级，气象服务方式和形态面临彻底变革，数字化、智能化成为气象发展方向，这要求我们以精细服务目标，以科技创新为抓手，着力发展精细气象服务系统，以气象服务高质量发展推进气象强国建设。

坚持需求牵引，直面气象服务新阶段新挑战

气象部门始终坚持以人民为中心，以气象服务为立业之本，基本构建了中国特色现代气象服务体系，气象服务效益和影响显著提高。气象服务贡献率持续提升，气象灾害造成的经济损失占GDP 比例由 20 世纪 90 年代的 3.4% 下降到 2021 年的 0.29%。气象服务影响力持续扩大，拓展至交通、水利、农业等几十个部门，融入几百个行业，覆盖亿万群众。公众气象服务满意度持续提高，2021 年达 92.8 分，人民群众对气象服务的获得感显著增强。

新时代赋予新使命。对标《纲要》新目标，服务国家重大战略、保障人民生命安全、助力经济转型发展、满足美好生活需要、支撑生态文明建设对气象服务的需求更加广泛深入，这要求气象部门必须在"细"上下功夫，体现在服务意识更强、服务产品更精、服务领域更宽、服务覆盖面更广；在"早"上做文章，体现在气象灾害的早预报早服务早防范，更好发挥气象防灾减灾先导性作用，真正做到防在未发之前、抗在第一时间、救在关键环节；在"实"上啃硬骨，体现在深度挖掘高频次、细网格预报产品的应用价值，提高分灾种、分区域、分行业的影响预报和风险预警服务能力；在"技"上求突破，体现在激活创新链条，深挖科技内涵，破解技术难题，推动气象服务数字化和智能化建设；在"效"上抓落实，体现在更加注重用户价值创造和服务效益评估，促进气象信息全领域高效应用。

新挑战呼唤新作为。紧紧围绕《纲要》新任务，加快推动气象服务高质量发展，实现气象与国民经济各领域深度融合，气象协同发展机制更加完善，需要更加注重内外共生、系统联动的**融入式发展**，更加注重创新引领、科技优先的**内涵式发展**，更加注重数字智能、精准推动的**分众式发展**，更加注重需求追踪、效益评价的**问效式发展**，更加注重底线思维、红线意识的**安全性发展**。

聚焦服务精细，开启气象服务高质量发展新局面新征程

做好气象服务保障是气象事业发展的立业之本。推动气象高质量发展，必须紧紧围绕国家经济社会发展重大战略实施需求，扛起政治责任，主动担当作为，全面提高气象服务保障成效。

聚焦一个核心。对标服务精细要求，坚持需求导向和效益导向，突出数字化和智能化转型，打造精细气象服务系统，优化全链条气象服务业务流程，基于气象观测预报基础数据产品，建设产品自动制作、服务按需提供、智能在线互动、效益定量评估的气象服务支撑平台和气象服务众创平台，建立智慧精细、开放融合、普惠共享的气象服务体系。

发展两大支撑。将科技和人才作为高质量气象服务"两翼"，充分运用新一代信息技术，发挥服务科技领军人才作用，推动核心技术研发和信息技术融合。实现数字化产品，以网格实况和智能预报为基础，建立标准规范的气象服务数据产品"一张图"。

打造智能化服务，实现气象预警信息由"大水漫灌"转向"精准滴灌"。满足个性化需求，分对象、分场景构建气象服务模型和阈值，实现用户需求快速响应和服务精准推送。

坚持三个面向。《纲要》从战略和全局高度，统筹谋划气象高质量发展，对提高气象服务保障工作的经济效益、社会效益和生态效益作出全面部署。这要求气象工作者必须心怀"国之大者"，始终坚持面向国家重大战略，面向人民生产生活，面向世界科技前沿，深度服务和融入经济社会各行业各领域，精准服务国家和地方高质量发展。

提升四个能力。提升气象防灾减灾预警先导能力，守护生命安全。坚持人民至上、生命至上，健全以预警信息为先导的应急联动机制，建设气象灾害风险评估和决策信息支持系统，提高预警信息精准靶向发布水平和极端情况下"兜底式"发布全覆盖能力，建立基层重大灾害性天气"叫应"标准，把第一道防线守牢守实，强化全社会气象灾害防范应对能力。提升"气象+"服务能力，赋能生产发展。调动气象这一新型生产要素的作用，重点针对现代农业、交通运输、能源产业、海洋经济等战略产业和电力、金融、保险等高敏感行业，因地制宜、按需定制，建立供需双方互动反馈机制，发挥气象避灾减损、赋能增益作用，实现与经济社会发展同频共振。提升高品质气象服务供给能力，保障生活富裕。加快全球、全时序无缝隙气象服务产品应用，制定公共气象服务清单，推动气象服务向高品质和均等化迭代升级。加快优质公众气象服务向农村、山区、海岛、边远地区及驻外机构和企业、出境国民延伸，为用户提供基于位置、场景、需求的分众式、定制化服务，让百姓享受气象现代化建设的红利。**提升生态文明气象服务保障能力，助力生态良好。**开展气候变化影响评估和应对措施研究，建立重点区域生态气象服务机制，强化生态保护和修复气象保障，持续发挥人工影响天气在防灾减灾和生态修复等方面作用，为筑牢生态安全屏障、实现"双碳"目标和美丽中国建设提供有力支撑。

强化五项机制。贯彻落实《纲要》目标，需要进一步推动"党委领导、政府主导、部门联动、社会参与"联动协同机制，完善以气象灾害预警为先导的应急联动机制，健全分灾种、分影响的气象灾害监测预报预警机制，建立"气象＋"行业的常态化风险普查和成果应用机制，建立重大气象灾害预报服务复盘及效果评估反馈机制。

站在新的历史起点，我们要更加紧密地团结在以习近平同志为核心的党中央周围，坚决贯彻落实习近平总书记对气象工作作出的重要指示精神，紧扣目标、凝心聚力，踔厉奋发、攻坚克难，以高质量服务保障社会主义现代化强国建设，为实现第二个百年奋斗目标、实现中华民族伟大复兴的中国梦贡献气象力量！

深刻认识《纲要》出台的重大意义

矫梅燕

国务院印发实施《气象高质量发展纲要（2022—2035 年）》（以下简称《纲要》），是以习近平同志为核心的党中央对气象事业发展作出的重大决策部署，是国务院对气象事业发展的又一次顶层设计，明确了当前和今后一个时期气象高质量发展的总体目标、思路和战略重点。需要我们以习近平总书记关于气象工作重要指示精神为根本遵循，立足新发展阶段，完整、准确、全面贯彻新发展理念，服务和融入新发展格局，深刻理解《纲要》出台对推动气象事业长远发展的重大意义，全方位推动气象高质量发展，为经济社会高质量发展和社会主义现代化强国建设提供有力支撑。

一、准确把握我国气象发展面临的新形势新要求

党的十九届五中全会明确提出要乘势而上开启全面建设社会主义现代化国家新征程、向第二个百年奋斗目标进军，这标志着我国进入一个新发展阶段。气象事业是服务国家服务人民的科技型社会公益事业，具有鲜明的政治性、基础性和先导性。谋划和推进气象事业发展，必须心怀"国之大者"，把握新要求、抓住新机遇、迎接新挑战。

矫梅燕，中国气象局原副局长。

一是从发展要求看，党的十九届五中全会和习近平总书记对气象工作的重要指示精神都对气象高质量发展提出要求。党的十九届五中全会明确了我国发展的新征程、新目标、新发展阶段、新发展理念、新发展格局等重大战略论断，提出了 2035 年远景目标，确立以推动高质量发展为主题，强调坚持创新在我国现代化建设全局中的核心地位，坚持系统观念，统筹发展与安全，提出要把新发展理念和安全发展贯穿国家发展各领域和全过程。习近平总书记在新中国气象事业 70 周年之际对气象工作作出的重要指示，明确了气象事业发展的根本方向、战略定位、战略目标、战略重点、战略任务。以党的十九届五中全会精神为指导，贯彻落实好习近平总书记对气象工作的重要指示精神，是我们科学谋划好未来一段时间气象发展主题主线、发展目标、发展方向、发展方式等的根本指引。

二是从发展方位来看，气象发展已实现了由小到大的历史转变，正面临着由大到强跨越发展的要求，进入高质量发展阶段。改革开放特别是党的十八大以来，在党中央国务院的坚强领导下，气象部门建成了适应需求、保障有力、效益突出的中国特色气象服务体系，建成了无缝隙智能化的气象预报预测系统和布局适当、功能较完善的综合气象观测系统，建成了基本适应气象现代化发展需求、支撑有力的国家气象科技创新体系，建成了更加完备、更为开放的气象发展保障体系。雷达、卫星、数值预报等技术取得重大突破，强对流天气预警时间提前到 38 分钟，暴雨预警准确率提高到 89%，近 7 万个地面自动气象观测站覆盖全国所有乡镇，236部天气雷达组成严密的气象灾害监测网，风云气象卫星为全球118个国家、国内约2600家用户提供服务，气象基础能力总体接近世界先进水平。气象预警信息公众覆盖率达96.9%，气象服务投入产出比达到1：50，公众满意度达到92.8分，气象服务经济社会效益显著提升。可以看到，气象发展正在迎来由气象大国到气象强国的历史性跨越，迫切需要由过去注重速度规模的发展，转向注重更高质量、更有效率、更加公平、更可持续、更为安全的发展。

三是从外部需求来看，党的十九届五中全会部署了到2035年经济社会发展重点任务，提出实施扩大内需战略、乡村振兴战略、区域重大战略、区域协调发展战略、主体功能区战略、可持续发展战略、应对人口老龄化战略、国家安全战略，强调建设科技强国、交通强国、制造强国、质量强国、网络强国、文化强国和数字中国、健康中国、平安中国，部署了健全基本公共服务体系，提高防灾、减灾、抗灾、救灾能力，加强全球气候变暖对我国生态承受力脆弱区域影响的观测，提高水资源集约安全利用水平，提高农业质量效益和竞争力等与气象密切相关的任务，对气象紧密融入国家战略、紧密对接国家重大需求提出新的要求。同时，经济社会发展对气象影响的敏感性和关联性越来越强，人民美好生活对气象服务的需求越来越精细，生态文明建设对气象保障的要求越来越迫切，国家经济社会发展和人民生产生活还面临着严峻复杂的天气气候风险挑战，迫切需要高质量的气象服务保障经济社会高质量发展。

四是从技术趋势来看，世界气象科技进入地球系统科学时代，迫切需要面向世界科技前沿，实现气象科技自立自强，做到监测精密、预报精准、服务精细。世界气象业务技术发展总体趋势可概述为两个方面，一是发展面向地球系统的气象监测预报服务，二是加速推进人工智能等新技术的应用。**在气象观测方面**，面向多圈层的地球系统监测，自动化、智能化、组网协同观测，专业观测与非专业观测结合已成为发展趋势。**在气象预报方面**，地球系统科学框架下多尺度一体化数值预报，更高分辨率、更精细化的无缝隙全覆盖的精准预报已成为发展方向。**在气象服务方面**，发达国家高度重视气象与其他行业深度融合，发展基于影响的预报和基于风险的预警，提供精细化的按需服务以及全球气象服务。**在新技术应用方面**，更加重视数值预报与计算科学的结合，加强尖端技术在数值预报中的应用，地球系统建模广泛使用人工智能特别是机器学习，关注"数字孪生地球"。气象工作要把握世界科技发展大势，加强跨领域多学科交叉融合，着力发展地球系统框架下的气象监测预报预警，推进新一代信息技术在气象科研、业务和服务等领域的深层次应用。

五是从面临的发展挑战来看，当前气象发展仍然存在着一些亟待解决的突出困难和瓶颈制约，迫切需要通过高水平的气象现代化建设和改革创新加以解决。第一，气象发展方式与高质量发展的要求不适应，气象治理现代化水平亟待提升，规模、速度、质量、效益和安全相统一的气象发展格局有待形成。第二，气象科技创新体系整体效能不高，高层次领军人才和高水平的创新团队缺乏，数值预报、灾害性天气监测预警等关键核心技术薄弱。第三，气象服务供给不平衡不充分，难以满足经济社会高质量发展和人民对美好生活向往的精细化需求，智慧气象服务体制机制、内涵外延亟须完善和拓展。第四，地球系统科学框架下的无缝隙多尺度天气气候一体化数值预报系统尚未建立，气象预报的准确率、精细化水平还有差距。第五，以大气圈为主的气候系统观测有待加强，海陆空天一体化、综合互补的智能协同观测格局尚未形成，观测的覆盖面、精密化水平有待提高。第六，大数据、人工智能等新一代信息技术在气象领域的深度融合应用不够，高性能计算能力与发展需求不相适应，数据质量亟待提高，数据价值有待深入挖掘。因此，迫切需要加快推进气象现代化建设，全面深化气象改革，破除制约气象高质量发展的体制机制障碍，持续增强发展活力和动力，全面提升气象现代化水平。

二、充分认识气象高质量发展的重要性

（一）气象高质量发展是更好落实习近平总书记重要指示精神的重大举措

习近平总书记十分重视和关心气象工作，特别是在新中国气象事业 70 周年之际，习近平总书记对气象工作作出重要指示，既对气象事业取得的成就和贡献给予了高度肯定，又对新时代气象事业发展的战略定位、历史使命作出高度概括，阐明了气象在服务国家、服务人民和推动经济社会发展中的重要作用和重大责任，为新时代气象高质量发展提供了根本遵循和行动指南。李克强总理、胡

春华副总理就贯彻习近平总书记重要指示作出重要批示。中央领导同志的重要指示批示是对气象工作的一次全面的、系统的、高规格的战略部署。

以习近平同志为核心的党中央作出推动气象事业高质量发展的重大决策部署，为气象部门深入贯彻落实习近平总书记重要指示精神指明了方向，必须适应党和国家发展要求，大力推动气象高质量发展，全面提升气象服务保障能力和水平，为促进经济社会持续健康发展提供有力支撑。

（二）气象高质量发展是全方位服务社会主义现代化国家建设的迫切需要

气象高质量发展是更好保障国家发展和安全的必然要求。安全是发展的保障，发展是安全的目的。在全球气候变暖背景下，极端天气气候事件对经济社会发展和人民生产生活的影响日渐增多，及时有效防范应对极端天气气候风险的必要性、紧迫性不断凸显。进入新发展阶段，防范化解气象灾害和气候变化对粮食安全、能源安全、生态安全、水安全等带来的风险挑战，统筹发展和安全对防范气象灾害重大风险的要求越来越高，必须推动气象高质量发展，筑牢气象防灾减灾第一道防线，提高经济社会抵御气象灾害风险的能力和韧性。

气象高质量发展是经济社会高质量发展的重要保障。在现代化经济体系建设中，气象与生产、流通、消费等各环节的关联性不断增强，气象信息、数据等已成为重要的生产要素，广泛应用于经济社会各行各业。防汛抗旱、应急调度等工作需要准确及时的气象预报预警，农业生产、交通运输、能源保供、海洋经济等重点行业和领域发展需要有针对性的气象服务，生态文明建设、实现碳达峰碳中和目标等都对气象工作提出了更高要求，必须推动气象高质量发展，更好地为经济社会高质量发展保驾护航。

（三）气象高质量发展是深入践行以人民为中心发展思想的具体行动

气象高质量发展是践行以人民为中心发展思想的重要举措。新中国气象事业从成立之初就坚持服务国家、服务人民，如今气象服务已成为百姓不可或缺的基本公共服务。随着经济社会快速发展和人民生活水平不断提高，人民群众对气象服务需求更加多样化个性化，必须坚持"人民至上、生命至上"，推动气象高质量发展，提升服务质量和效益。

气象高质量发展是满足人民对美好生活向往的必然要求。让人民生活幸福，是我们党始终不渝的职责，也是我国经济社会发展的根本目的，更是气象工作的"国之大者"，人民是否满意是检验气象工作成效的根本标准。进入新发展阶段，极端天气气候事件频发重发给人民群众生命财产安全造成严重威胁，人民群众生产生活的气象服务需求倍量增长且更加多样化个性化，必须推动气象高质量发展，服务保障人民群众生命安全、生活幸福。

（四）气象高质量发展是全面认识和深入贯彻新发展理念的重要体现

气象高质量发展是贯彻新发展理念的重要体现。坚持创新发展，着力实现气象科技自立自强；坚持协调发展，着力补齐发展的短板和弱项；坚持绿色发展，着力拓展气象保障生态文明建设的领域范围；坚持开放发展，着力适应国内国际双循环新发展格局的需要；坚持共享发展，着力保障全体人民共同富裕。要全面贯彻新发展理念，努力推动气象高质量发展，实现从"有没有"向"好不好""强不强"转变。

气象高质量发展是构建新发展格局的必然要求。对天气气候变化规律的了解掌握是人类认识世界、改造世界的基础。气象高质量发展是社会主义现代化强国建设的重要组成部分和支撑保障。进入新发展阶段，建设现代化经济体系、加强生态文明建设、推进国家治理体系和治理能力现代化等对气象服务的要求越来越高。必须推动气象高质量发展，服务和融入新发展格局，保障以国内大循环为主体、国内国际双循环相互促进。

三、深刻理解《纲要》出台对推动气象事业长远发展的重大意义

（一）《纲要》是国务院对气象事业发展的又一次顶层设计

改革开放以来，气象现代化进程显著加快，气象科技水平迅速提升，气象国际影响力大幅提高，气象事业在服务国家经济建设和保障民生中实现了跨越式发展。气象发展实现了由小到大的历史转变，所取得的成就离不开党中央国务院的关心关怀。1992年，国务院印发《关于进一步加强气象工作的通知》（国发〔1992〕25号），建立健全与气象部门现行领导管理体制相适应的

双重气象计划体制和财务渠道，合理划定中央和地方财力分别承担基建投资和事业经费的气象事业项目，进一步指导和促进气象事业持续、稳定、协调发展。2006 年，国务院印发《关于加快气象事业发展的若干意见》（国发〔2006〕3 号），确立了"公共气象、安全气象、资源气象"的发展理念，提出了到 2020 年基本建成气象现代化体系，气象整体实力接近同期世界先进水平的发展目标，为气象事业发展指明了方向和遵循。当前《纲要》（国发〔2022〕11 号）出台，是国务院又一次对气象发展的顶层设计，是指导当前和今后一个时期，深入贯彻习近平总书记重要指示精神、落实党中央国务院决策部署、适应新形势新要求、推动气象高质量发展的纲领性文件。

（二）《纲要》从三个维度提出了气象高质量发展总体思路

《纲要》从方向要求、建设发展、服务保障三个维度提出气象高质量发展的总体思路，将中央领导同志重要指示批示精神和国家重大战略部署落实到未来气象现代化发展建设中，充分体现了政治性、全局性、战略性和专业性，兼顾了面向各级地方政府、各有关部门气象支撑保障需求和社会公众需要。一是从方向要求来说，坚持一个根本遵循、三个面向和一个导向，即以习近平总书记关于气象工作重要指示精神为根本遵循，面向国家重大战略、面向人民生产生活、面向世界科技前沿，以提供高质量气象服务为导向。二是从发展重点来说，坚持一条主线、坚持三个发展、建设具有五方面内涵的气象高质量发展，即以智慧气象为主要特征的气象现代化建设主线，坚持创新驱动发展、需求牵引发展、多方协同发展，建设科技领先、监测精密、预报精准、服务精细、人民满意的现代气象体系。三是从服务保障来说，充分发挥气象防灾减灾第一道防线作用，全方位服务保障生命安全、生产发展、生活富裕、生态良好，更好地满足人民日益增长的美好生活需要，为加快生态文明建设、全面建成社会主义现代化强国、实现中华民族伟大复兴的中国梦提供坚强支撑。

（三）《纲要》明确了推动未来气象高质量发展的战略重点

《纲要》围绕到 2035 年基本实现以智慧气象为主要特征的气象现代化发展目标，明确了未来 15 年的战略重点任务。一是突出科技引领、创新驱动发展，将科技创新作为首要任务。面向世界科技前沿，立足提升气象科技自主创新能力，聚焦短板弱项，提出了加快关键核心技术攻关、加强气象科技创新平台建设和完善气象科技创新体制机制等重点任务。二是着力强化气象基础能力建设，规划设计了精密气象监测系统、精准气象预报系统、精细气象服务系统、气象信息支撑系统等四大业务系统，明确了未来 15 年的气象核心业务能力的重点发展方向和建设任务。三是立足于全方位服务保障生命安全、生产发展、生活富裕、生态良好，着力提高气象服务的质量和效益，提出了要推动气象与社会经济各领域深度融合，完善气象协同发展机制，实施"气象+"赋能行动等战略举措。四是强化支撑保障能力建设。突出人才队伍建设的基础性支撑保障作用，明确了建设三支人才队伍的战略任务；强调气象协同发展的体制和机制创新，在观测系统统筹集约、完善数据资料管理、推动社会力量参与等方面提出了深化改革的发展要求；《纲要》还从科技创新、监测精密、预报精准、服务精细四个方向设计了未来立项建设的工程领域，明确了投入支持政策要求。

《纲要》是继 2006 年国务院 3 号文件之后，又一次对未来气象发展的战略谋划与系统设计，开启了建设气象强国的新征程，必将对气象事业的发展产生深远的影响。

建设人民满意气象是《纲要》之"魂"

黎 健

今年，国务院专门出台《气象高质量发展纲要（2022—2035年）》（以下简称《纲要》），对新时代气象事业发展作出全面部署。学习宣传贯彻《纲要》，要与习近平总书记关于气象工作重要指示精神紧密结合，深刻把握《纲要》之"魂"和贯彻《纲要》之"关键"，全力推动《纲要》落实落地。

一、把握好《纲要》之"魂"，建设人民满意气象

《纲要》在指导思想中明确提出，"加快推进气象现代化建设，努力构建科技领先、监测精密、预报精准、服务精细、人民满意的现代气象体系，充分发挥气象防灾减灾第一道防线作用，全方位保障生命安全、生产发展、生活富裕、生态良好，更好满足人民日益增长的美好生活需要"。指导思想从要求、目标、措施和作用等方面，对气象高质量发展进行了深刻阐释。从中可看出，坚持气象为民，全方位保障"生命安全、生产发展、生活富裕、生态良好"是气象工作的根本着力点和根本要求，建设"人民满意"气象是气象高质量发展的**根本目标**和**核心要求**，是《纲要》之"魂"。

黎健，中国气象局总工程师。

习近平总书记多次强调，谋划推进工作，一定要坚持全心全意为人民服务的根本宗旨，坚持以人民为中心的发展思想。气象事业是党的事业、人民的事业。建设"人民满意"气象，就是要把坚持人民至上、生命至上，服务国家、服务人民，作为气象坚定捍卫"两个确立"，坚决做到"两个维护"，对党绝对忠诚的重要体现；就是要把人民群众对气象服务的需求、期盼，转化为人民满意的气象产品和优质服务，作为大力推进气象科技创新和现代化建设，实现监测精密、预报精准、服务精细的根本着力点；就是要把全方位保障生命安全、生产发展、生活富裕、生态良好，充分发挥气象防灾减灾第一道防线作用，作为气象践行以人民为中心发展思想的具体实践。

二、把握好气象事业"新定位"，充分认识新要求新内涵

《纲要》开篇提出，气象是科技型、基础性、先导性的社会公益事业，"先导性"是首次提出的。这是党和国家根据发展需求，从战略层面对气象事业提出的新定位新要求。先导性事业，说明其对经济社会各行各业具有影响的全面性、发展的导向性，要求其具有建设先行性等特点。随着经济社会发展和气候变化影响，气象已日益成为防灾减灾的先决条件、服务国家安全的重要力量，保障生命安全的第一道防线作用更为突出。气象已日益成为经济社会各行各业趋利避害、促进高质量发展不可或缺的前瞻性生产要素，保障和促进生产发展的经济性价值和作用更加明

显。气象已日益成为百姓最关注、受众面最广，日常工作生活必不可少的普惠性公共服务信息。气象已日益成为应对气候变化、开发利用气候资源、实施"双碳"战略的最重要科学基础，是生态与环境系统重要的驱动性要素，气象服务生态文明建设价值和作用更加凸显。

"科技型""基础性"气象事业在新时代有新内涵。"科技型"体现在新时代，科技创新引领气象高质量发展"第一动力"作用更加突出，科技人才在推动气象高质量发展中的"第一资源"作用更加凸显，在统筹发展与安全背景下加强气象关键核心技术自主创新更加迫切。"基础性"表现在新时期，经济社会发展各行各业与气象的关联性、敏感性越来越强，意味着气象必须全面融入经济社会发展全局，在全方位服务现代化经济体系建设中发挥基础性服务保障作用。

气象事业是社会公益事业。这是气象事业的根本属性、根本定位，做好公益气象服务是气象事业的根本任务，是最终落脚点，也是气象的初心和使命。气象服务是政府公共服务的重要内容。把握好气象社会公益事业定位，就要坚持政府主导，将气象纳入各级政府基本公共服务政策和体系；就要把提高气象公共服务能力、质量和效益，作为气象高质量发展的核心目标；就要注意把气象"产品"转化为广大人民群众满意的"用品"，为人民提供更有宽度、更有深度、更有精度、更有温度的气象服务，让老百姓从气象发展和服务中感受到切切实实的安全感、获得感和幸福感。

三、把握好《纲要》的"主题"，全面贯彻新发展理念

《纲要》明确提出，要适应新形势新要求，以提供高质量气象服务为导向，全面贯彻新发展理念，加快推进气象高质量发展。习近平总书记多次强调，新时期谋划事业发展，各个部门、各个领域都要"完整、准确、全面贯彻新发展理念，构建新发展格局，推动高质量发展"。

走老路，永远到不了新地方。推进气象高质量发展，要坚持质量第一、效益优先。要处理好"质量效益"和"规模速度"的关系，处理好"供给"和"需求"的关系。要不断提高气象现代化建设质量、科技创新质量、气象业务质量、气象服务质量、气象管理质量。要从过去侧重气象发展速度规模向注重发展质量效益转变，气象发展必须追求有质量有效益的建设"规模"和"速度"，既要加大投入，更要加强科技创新和改革创新。既要增加气象"产品"，更要提高"产品"质量，更重要的是要将"产品"转化为人民群众、各行各业实际需要的气象"消费品"。

要坚持系统观念、统筹推进。气象是系统性很强的事业。推动事业发展，既要重视单项业务发展，更要注重气象整体能力和服务效益的提升，单项业务的发展必须服从服务于整体能力的提升。要注意将"监测精密、预报精准、服务精细"作为整体，统筹推进建设。气象为"生命安全、生产发展、生活富裕、生态良好"服务，要因地制宜，面向实际需求，全方位保障。气象高质

量发展，需要统筹建设与维持、发展与安全、科研与业务、改革与创新。需要注意规划计划与《纲要》相衔接，措施与任务相配套，国家气象与地方气象相联动。防止脱节和不必要的重复，注意避免局部是"优"而整体能力不强的情况。

要坚持问题导向、目标导向。要围绕《纲要》目标任务，科学分析，精准而不是笼统地查找气象发展的短板和弱项，坚持全国气象一盘棋，精准施策，切实解决与高质量发展要求不相适应的短板弱项。要对标国际先进水平，加强开放合作，坚持向一切先进学习。加快缩小在气象卫星、数值预报模式等方面的差距，建设科技领先、技术先进、具有中国特色的现代气象业务服务体系。

贯彻《纲要》，推进气象发展，必须以质量效益为中心，以人民满意为标准。"我们党的执政水平和执政成效都不是由自己说了算。"气象是否高质量发展，必须而且只能由人民群众来评判，其根本评判标准，就是是否建设了"人民满意"气象事业。

四、把握好《纲要》"主要任务"，突出重点全面推进

《纲要》提出气象保障生命安全、生产发展、生活富裕、生态良好，加强基础能力建设，科技创新等重点任务。既要学习把握《纲要》提出的具体任务，更要深刻领会任务的根本要求。结合实际，因地制宜、因时制宜，抓重点突破带动全面贯彻。

建设"人民满意"气象，就要全方位为"生命安全、生产发展、生活富裕、生态良好"提供有力的气象保障。精密精准的气象监测预报，必须用来服务好经济社会发展和各行各业，回应好人民群众对气象的期盼，最终才能充分发挥气象保障作用和效益，促进经济社会高质量发展。**服务生命安全**，就是要建立和完善科学化、地域性、行业性强的灾害预警指标体系，建立和完善以气象预警为先导的规范化、法治化灾害应急全社会联动机制，提高全社会气象灾害防御科学应对能力，充分发挥气象防灾减灾第一道防线作用。**服务生产发展**，就是要进一步发挥好气象保障经济社会高质量发展的生产要素作用，突出农业、海洋、交通等重点行业、敏感行业服务，全面实施"气象+"赋能行动，趋利避害两手抓，完善机制，**"注重补气象服务短板，推动气象深度融入经济社会各行各业"**。服务生活富裕，就是要加强普惠精细公共气象服务供给，完善城乡气象服务体系，不断满足人民群众差异化、个性化服务需求，让百姓真切感受到气象事业高质量发展。**服务生态良好**，就是要进一步强化生态文明建设气象支撑，加强重点生态环境领域气候监测评估，充分发挥气象在应对气候变化、开发利用气候资源、生态系统保护和修复以及"双碳"战略中越来越重要的科技支撑作用。

　　气象基础能力建设是全方位做好气象服务的基础，必须持续推进现代化建设，增强气象基础能力。要突出重点，统筹推进气象监测、预报预警、服务能力及信息支撑能力建设。**建设精密气象监测系统**，就是要加强统筹规划，重点加强气象卫星、天气雷达、气象站网等建设，加强观测资料融合应用，推进多部门联合共建陆海空天一体化、协同高效、科学精密的气象综合观测网。**构建精准气象预报系统**，就是要加强数值模式能力和应用能力建设，加强突发灾害预警能力建设，大力加强气象影响预报和灾害风险预报预警能力建设，建立具备"五个1"（实现提前1小时预警局地强天气、提前1天预报逐小时天气、提前1周预报灾害性天气、提前1月预报重大天气过程、提前1年预测全球气候异常）能力的无缝隙、智能化、分工科学的现代预报业务体系，并不断提高预报精准度。**发展精细气象服务系统**，就是要建设气象服务产品加工制作、数据产品传播和融媒体发布传播平台，推进服务产品的精细化、专业化和个性化，不断提高气象服务加工和传播能力。**打造气象信息支撑系统**，就是要加快发展数字气象，强化气象及相关数据的收集共享，加强气象数据加工，优化流程，构建覆盖面广、要素完备、规范标准的气象大数据产品体系，建设固移融合、高速泛在的气象通信网络，形成高效、快速、安全、满足业务发展要求的信息网络支撑系统。

高质量发展必须紧紧依靠科技创新和高素质人才实现。加强气象科技自主创新，就是要加快气象关键核心技术攻关，加强气象科技创新平台建设，完善科技创新体制机制，实现气象卫星、数值预报、重大装备等领域自立自强。**建设高水平气象人才队伍**，就是要加强高质量人才队伍建设，实施专项人才计划，深化人才体制机制改革，加强气象学科人才培养，改善人才结构，强化人才服务保障，营造优秀人才脱颖而出的良好环境。

五、把握贯彻《纲要》之"关键"，增强责任感紧迫感

在全国气象高质量发展工作会议上，胡春华副总理强调，**推动气象高质量发展，最终要靠气象系统来干**。贯彻《纲要》的关键，就是各级气象部门和广大气象干部职工。要在各级党委、政府的大力支持下，切实强化贯彻《纲要》"主体"部门意识，按照气象高质量发展推进会部署，抓住《纲要》落实关键时期，加强《纲要》精神的宣传，积极主动推动地方政府出台落实《纲要》的实施意见等政策文件。主动对接相关部门，积极争取部门政策、项目等方面支持。要发挥贯彻《纲要》"主力军"作用，要在学习领会的基础上，将《纲要》战略目标与战术举措相结合，方向与路径相统一。切实做到**目标要求任务化，任务落实项目化，实施时间步骤化，落实举措实效化**。要进一步增强责任感紧迫感，特别是气象部门各级领导干部，要带头学习领会贯彻，增强"时时放心不下"的责任感，守土有责、守土负责、守土尽责。采取切实举措，积极主动争取地方党委、政府加大关心支持力度，加强部门《纲要》贯彻落实的组织领导，统筹气象规划布局，加强气象法治和标准体系建设，加强气象行业管理，推进开放合作，加强试点和评估督查。行动是最有力的宣言，实干是最有效的担当。要以时不我待的责任感紧迫感，抓住机遇，攻坚克难，**坚持一件事接着一件事办，一年接着一年干**，把《纲要》落实落细落到位，绘就出"人民满意气象"精彩答卷。

全面理解和准确把握
气象高质量发展的总体要求

程　磊

推动气象高质量发展是以习近平同志为核心的党中央立足国情、着眼全局、面向未来做出的重大战略决策。《气象高质量发展纲要（2022—2035 年）》（以下简称《纲要》）与时俱进，提出了气象高质量发展的总体要求，这为做好未来气象工作指明了方向、提供了遵循。要全面理解、准确把握、不折不扣贯彻落实这个总要求，推动气象高质量发展。

一、深刻领会新时代气象事业的定位

《纲要》指出"气象事业是科技型、基础性、先导性社会公益事业"，对新时期气象事业进行了新定位，标志着党和国家对气象工作赋予了新的职责。

《中华人民共和国气象法》规定，气象事业是经济建设、国防建设、社会发展和人民生活的基础性公益事业。《国务院关于加快气象事业发展的若干意见》指出，气象事业是科技型、基础性社会公益事业。《纲要》在前两者基础上进一步提出，气象事业是科技型、基础性、先导性社会公益事业，增加了"先导性"

程磊，中国气象局气象发展与规划院党委书记、院长。

的发展定位。**科技型说明**气象工作具有很强的科技属性，这是气象事业发展的根本驱动力，也是国家科技水平和国家现代化的重要标志。**基础性说明**气象是全方位服务保障经济、社会、民生、国防等的重要部门，是各行各业发展都离不开的部门。**先导性说明**在我国开启全面建设社会主义现代化国家新征程中，气象日益成为防灾减灾的先决条件、经济社会发展的先决要素、应对气候变化的科学前提。**先导性**主要体现在以下几方面：气象监测预报预警是防范应对气象灾害及其衍生灾害的消息树，是气象防灾减灾的第一道防线，在自然灾害的防范应对上是前置性因素；气象是国民经济运行的先决性生产要素，天气气候信息是众多商家企业和行业调整经营结构、配置生产要素、促进行业发展的重要依据，是人民群众衣食住行游购娱学康不可或缺的引导性信息；气候变化监测和影响评估是我国实施碳达峰碳中和行动、加强应对气候变化内政外交、参与全球气候治理的前提和基础。

二、深刻领会气象高质量发展的方向和要求

《纲要》总体要求高屋建瓴地指明了气象高质量发展的方向和要求。

推动气象高质量发展，要以提供高水平气象服务为目标导向。要按照习近平总书记"提高气象服务保障能力"的重要指示，坚持把满足人民需求作为出发点，坚持把推动气象服务供给侧结构性改革作为战略方向，加快补齐气象服务供给结构不能完全适应需求结构变化、服务品种和质量难以满足国内国际多层次

多样化气象需求的短板，打通气象融入和服务于生产、分配、流通、消费等经济循环的堵点，提升气象供给体系对生命安全、生产发展、生活富裕、生态良好需求的适配性，提高气象供给链、服务链的完整性，促进气象与农业、制造业、服务业、能源资源等产业门类关系协调，形成需求牵引供给、供给创造新需求的供求动态平衡，不断满足国家重大战略实施、国土空间布局优化、重大工程建设、综合防灾减灾、生态环保等新需求，打造参与全球防灾减灾、气候治理等国际气象合作和竞争新优势。

推动气象高质量发展，要坚持创新驱动、需求牵引、多方协同的发展方式。要实现发展方式由要素驱动向创新驱动的转变。坚持科技创新是第一动力，把科技创新摆在更加突出的位置，把握建设科技强国的新机遇，充分利用新一轮技术变革带来的创新驱动和融合发展力量，加快气象科技创新，努力在地球系统数值预报模式、重大观测装备等关键核心技术领域取得新突破。要紧紧围绕国家重大战略实施、重大工程建设、重大活动举办的气象服务需求，以及经济社会发展和各行各业发展对气象服务的需求，加强气象业务服务能力建设，形成供需适配的气象服务新格局。要明确政府、相关部门、社会等在推动气象高质量发展中的职责作用，充分利用国内国际两种资源，更好地发挥政府和市场两个作用，形成政府、部门、社会共同支持气象发展的局面。

推动气象高质量发展，要以构建现代气象体系为核心任务。要加快推进以智慧气象为主要特征的气象现代化，努力构建科技领先、监测精密、预报精准、服务精细、人民满意的现代气象体系。"科技领先"体现在气象科技创新生态、气象科技策源能力、气象战略科技力量、气象科技研发队伍、科技成果转化率等方面实力领先。"监测精密"体现在观测要素覆盖率、气象灾害监测率、卫星全球观测能力、海洋气象观测能力、观测站网规模质量、高精度智能化装备等方面实现大幅提高。"预报精准"体现在全球数值预报、资料同化和再分析、中国区域预报预测、地球系统大数据、人工智能和高性能计算、智能预报预测平台等方面的能力水平持续提高。"服务精细"体现在基本公共服务均等化、高敏感行业融合度、服务技术和专业模式、气象信息覆盖面、全球气象服务能力、全社会气象信息应用等水平显著增强。"人民满意"体现在人民群众气象服务的获得感、幸福感、安全感显著增强，公众气象服务满意度稳步提高。

推动气象高质量发展，要全方位保障生命安全、生产发展、生活富裕、生态良好。气象事业是基础性社会公益事业，气象公共服务是各级政府公共服务的重要组成。推动气象高质量发展，必须推动气象与经济社会各领域深度融合，提高气象全方位保障生命安全、生产发展、生活富裕、生态良好能力。一是面向生命安全，强化气象灾害监测预报预警，健全气象防灾减灾机制，大力发展人工影响天气，提高全社会气象防灾减灾意识和能力，充分发挥气象防灾减灾第一道防线作用。二是面向生产发展，主动融入和服务现代化经济体系建设，建立"气象+"服务模式，优化经济高质量发展气象服务供给，助力经济循环畅通和国家重大战略实施。三是面向生活富裕，对标人民群众美好生活对气象服务的需求，推进气象全面融入数字生活，接入"城市大脑"和基层网格治理体系，将公共气象服务纳入各级政府公共服务体系。四是面向生态良好，强化应对气候变化、气候资源合理开发利用等气象科技支撑，强化生态系统保护和修复气象保障，助力碳达峰碳中和目标实现，为美丽中国建设贡献气象智慧。

推动气象高质量发展，要统筹服务保障国家安全和气象发展安全。党的十九大提出"统筹发展与安全"这一治国理政的重大原则，党的十九届五中全会又将"统筹发展和安全"提到新的高度，部署了"积极参与和引领应对气候变化""提高防灾、减灾、抗灾、救灾能力"和"加强全球气候变暖对我国承载力脆弱区影响的观测"等重要任务。要增强忧患意识，坚持底线思维，统筹服务保障国家安全和气象发展安全。要贯彻落实总体国家安全观，充分发挥气象防灾减灾第一道防线作用，科学防范化解重大气象灾害和气候安全风险。做好事关交通安全、能源安全、水资源安全、生态安全、重大工程安全的气象服务保障工作。同时要实现气象业务安全，科学应对数值预报、气象卫星、气象数据、探测装备等核心业务对国外依赖存在的风险，逐步实现核心技术和核心装备自主可控，巩固业务安全底线，提升业务安全系数。

三、准确把握气象高质量发展实现途径

气象高质量发展是一项系统性、战略性、复杂性、长期性工程，绝非单一路径可以实现。推动气象发展质量变革、效率变革、动力变革是实现气象高质量发展的关键所在，也是现实

路径。

要推动质量变革。坚定不移地推进更高水平气象现代化建设，注重发展质量，重视内涵式、可持续发展，坚持精益求精、以用为本，把每一个现代化建设项目做细做精，充分发挥建设效益。坚持问题导向，聚焦气象高质量发展的基础性难点痛点问题，全面推动气象业务、服务、科研和管理质量提升。

要推动效率变革。坚持系统观念，提高气象资源配置效率和业务技术效率。构建科学合理、分工有序、有机统一的协同机制，加快新技术、新方法应用，促进效率提升。突出预报精准在协同推进监测精密、预报精准、服务精细中的"龙头作用"，以预报精准为目标提升气象观测能力，依托精准预报提升气象服务能力。

要推动动力变革。坚持科技创新，加快自主创新，在数值预报模式、气象卫星资料应用、数据信息、现代化气象装备等方面，建立自主可控、安全可靠的业务技术体系。坚持改革创新，破除惯性思维，摒弃僵化思想，坚持变中求新、变中求进、变中突破，加快体制机制创新，为高质量气象现代化建设助力添彩。

四、准确把握气象高质量发展与气象强国建设关系

推动高质量发展是新时代我国经济发展的主题，也是气象发展的必然要求。建成气象强国是气象高质量发展的目标，推动气象事业高质量发展是建成气象强国的必由之路。

气象强国不仅是"在气象方面是强国"，也应该理解为"通

过气象使国家更强大"，即跳出气象看气象，从战略高度审视气象的重要作用。"强"是一个相对概念，认识气象强国，应当对标国际一流，具有世界眼光。建设气象强国，要牢牢把握高质量发展要求，把准方向，精准发力。

气象强国的本质是高质量发展。在全面建设社会主义现代化国家新征程上，气象事业发展面临新的更高要求。气象不是中心却能影响中心，不是大局却能牵动大局，认识气象强国，必须在全面建设社会主义现代化国家的大局中来把握，体现中国特色。推动气象高质量发展，要求我们补短板强弱项，科学分析、客观看待气象高质量发展的短板与弱项，结合实际，通过加强气象现代化建设，解决影响气象事业高质量发展的矛盾和问题。

气象高质量发展落脚在气象强国建设上。气象高质量发展的成果最终要体现在服务国家战略和满足人民美好生活需要上。紧紧围绕民富国强目标，全面服务和保障国家经济社会高质量发展，为满足人民群众美好生活需要、全面建成社会主义现代化强国提供战略支撑。

五、准确把握气象高质量发展的战略目标

党的十九大对到 21 世纪中叶全面建成社会主义现代化强国作出了分两步走的战略部署，气象事业是科技型、基础性、先导性社会公益事业，气象现代化是国家现代化的重要标志之一，是国家现代化的先行领域。因此，气象既要服务 2035 年社会主义现代化远景目标的实现，更要锚定和服从于 2035 年社会主义现

代化远景目标，以 2035 年社会主义现代化远景目标来指引气象高质量发展的目标。在此基础上，《纲要》对标世界气象先进水平，结合我国气象发展实际，提出 2025 年和 2035 年两阶段战略安排，明确了气象高质量发展的时间表、路线图，确立了气象高质量发展的宏伟目标，进一步展现了气象发展的光明前景。

到 2025 年，与《全国气象发展"十四五"规划》总体目标有效衔接，夯实气象高质量发展基础。气象关键核心技术实现自主可控，现代气象科技创新、服务、业务和管理体系更加健全，监测精密、预报精准、服务精细的能力不断提升，气象服务供给能力和均等化水平显著提高，气象现代化迈上新台阶，为气象强国建设打下坚实基础。

到 2035 年，气象关键科技领域实现重大突破，气象监测、预报和服务水平全球领先，国际竞争力和影响力显著提升，以智慧气象为主要特征的气象现代化基本实现。气象与国民经济各领域深度融合，气象协同发展机制更加完善，结构优化、功能先进的监测系统更加精密，无缝隙、全覆盖的预报系统更加精准，气象服务覆盖面和综合效益大幅提升，全国公众气象服务满意度稳步提高。

加快科技自立自强
增强气象发展战略支撑

熊绍员

创新是引领发展的第一动力，是建设现代化经济体系的战略支撑，科技创新是破解发展难题、应对前进路上的风险挑战、厚植发展优势、支撑高质量发展的关键。《气象高质量发展纲要（2022—2035年）》（以下简称《纲要》）提出了"三个科技首要"：首要定位、首要目标和首要任务，将加快气象科技创新摆在气象高质量发展全局中的核心位置。我们要认真学习领会《纲要》"三个科技首要"的丰富内涵，深刻理解增强气象科技自主创新能力的重要意义，坚定创新自信，以科技自立自强支撑引领气象高质量发展。

一、深入学习领会习近平总书记关于科技创新的重要论述精神，坚持把科技创新摆在气象高质量发展全局中的核心位置

党的十八大以来，以习近平同志为核心的党中央高度重视科技创新，以前所未有的推进力度深化科技改革，以前所未有的政策密度推动创新发展，科技创新的战略地位达到前所未有的新

熊绍员，中国气象局科技与气候变化司司长。

高度。

习近平总书记围绕科技创新提出一系列新思想、新论断、新要求。2021年中央人才工作会议上，习近平总书记指出，实现我们的奋斗目标，高水平科技自立自强是关键；到2025年，全社会研发经费投入大幅增长，科技创新主力军队伍建设取得重要进展，顶尖科学家集聚水平明显提高，人才自主培养能力不断增强，在关键核心技术领域拥有一大批战略科技人才、一流科技领军人才和创新团队；到2035年，国家战略科技力量和高水平人才队伍位居世界前列。习近平总书记在2021年两院院士大会和中国科协第十次全国代表大会上的重要讲话指出，我国自主创新事业是大有可为的，我国广大科技工作者是大有作为的。习近平总书记的系列重要讲话，为我们推进科技自立自强、建设科技强国，坚定不移走中国特色自主创新道路注入强大信心。

党的十九大确立了到2035年我国跻身创新型国家前列的战略目标。党的十九届五中全会提出了坚持创新在我国现代化建设全局中的核心地位，把科技自立自强作为国家发展的战略支撑，面向世界科技前沿、面向经济主战场、面向国家重大需求、面向人民生命健康，深入实施科教兴国战略、人才强国战略、创新驱动发展战略，完善国家创新体系，加快建设科技强国。要强化国家战略科技力量，提升企业技术创新能力，激发人才创新活力，完善科技创新体制机制。党的十九届六中全会再次对推进科技自立自强提出明确要求。

《纲要》明确的"三个科技首要"，是对构建新发展格局、推动气象高质量发展作出的重大战略部署，是做好新时期气象科技创新工作的根本遵循和行动指南。首先，《纲要》开宗明义明确了气象"科技型"和"科技领先"的首要定位，即气象事业是科技型、基础性、先导性社会公益事业，气象发展要坚持创新驱动发展，要努力构建科技领先、监测精密、预报精准、服务精细、人民满意的现代气象体系。其次，《纲要》在发展目标中明确了2025年、2035年首要目标是气象关键核心技术实现自主可控和关键科技领域实现重大突破。再次，《纲要》围绕发展目标，明确了以"增强气象科技自主创新能力"为首要发展任务，提出了"加快关键核心技术攻关""加强气象科技创新平台建设""完善气象科技创新体制机制"三项重点工作，并在重大能力提升专栏中部署了科技创新重点方向。

贯彻落实《纲要》，我们必须坚持把科技创新摆在气象高质量发展全局中的核心位置，勇担使命，自信图强，增强气象科技自主创新能力，加快气象科技自立自强。

二、科学把握科技创新在气象事业发展中的引领驱动作用，深刻认识气象科技创新面临的新机遇和新挑战

气象事业是科技型、基础性、先导性社会公益事业，气象现代化水平是反映国家现代化水平的重要因素，加快气象科技创新是实现气象现代化的关键。气象事业发展得益于气象科学技术的发展，得益于科学技术在气象领域的融合应用。纵观世界气象科学发展，近现代气象科学发展四次重大飞跃都源自于科学技术

的突破和应用。回首新中国气象事业发展，气象科技支撑着气象业务从小到大，从弱到强，从落后到先进，取得了辉煌的历史成就。

我国社会主义现代化建设进入新发展阶段，经济社会发展对气象服务供给提出更高要求。把握新发展阶段，贯彻新发展理念，构建新发展格局，气象科技创新既面临大有作为的战略机遇，也面临前所未有的重大挑战。面对新阶段新任务新要求，必须清醒看到我国气象科技发展的突出问题。科技创新意识不强，科研队伍体量小、力量分散，自主创新能力较弱，气象科技创新体系整体效率需要提高，一些重要领域关键核心技术受制于人，对气象高质量发展的支撑引领不足。

当前世界正面临百年未有之大变局，新一轮科技革命和产业变革深入发展，科技创新进入密集活跃期。从外部环境看，以大数据、人工智能、物联网＋、云计算等为代表的新一代信息技术加速突破应用，为气象科技发展提供了更多创新源泉，气象科技正孕育着革命性突破，世界主要气象强国正加快科技创新部署，这要求我国气象科技创新面向世界科技前沿，部署重点领域关键技术攻关，为促进新技术与气象行业深度融合提供强大动力支持。从内部环境看，科技创新是做到监测精密、预报精准、服务精细的根本途径，是发挥气象防灾减灾第一道防线作用的必然要求。但目前气象核心业务能力受制于人的局面依然存在，气象服务与保障国家重大战略和人民生产生活的需求仍有明显差距。要补足这些差距，只能依靠科技创新，要着力增强气象科技自主创新能力，面向国家重大战略、面向人民生产生活，大力推进以智慧气象为主要特征的气象现代化建设，以高质量的气象科技供给为气象高质量发展提供有力支撑。

三、紧紧围绕科技型的事业定位增强自主创新能力，更好发挥科技创新对气象高质量发展的支撑引领作用

总结经验，分析形势，70余年新中国气象事业发展成就凸显了科技创新的第一动力作用。面对新时代新要求，为确保《纲要》制定的2025年和2035年发展目标顺利实施并如期完成，我们必须强化系统观念、改革思维、开放意识、协同理念，激发全社会气象科技创新活力，认真组织实施科技创新重点任务，全面推动能力提升专项工作落实。

（一）立足自立自强，加快气象关键核心技术攻关

一是突出《纲要》对气象科技创新重大任务的牵引作用。扎实推动《中国气象科技发展规划（2021—2035年）》实施，加强与科技部、国家自然科学基金委员会沟通合作，将地球系统数值预报模式、灾害性天气预报、气候变化、人工影响天气、气象装备等重点领域关键技术研发需求纳入国家科技计划（专项、基金等）研发布局。

二是积极争取项目支持气象关键核心技术攻关。组织引导优势团队积极争取项目立项，通过实施一批重大项目，以提高预报预测准确率为目标，以发展数值模式为核心，以传统气象数据及非传统数据的采集、同化、应用，计算能力提升，发展、完善地

球系统模式为主线，加强基础研究和应用研究，加快实现地球系统数值预报模式、灾害性天气预报、气候变化、人工影响天气、气象观测装备技术、资料再分析、气象卫星遥感应用、新一代信息技术应用等重点领域关键核心技术突破。力争到 2025 年，气象基础研究和应用基础研究水平显著提高，自主创新能力大幅提升，气象关键核心技术实现自主可控；2035 年，气象科技整体实力达到同期世界先进水平，灾害性天气预报、地球系统数值模式、重大观测装备三大关键科技领域实现重大突破。

三是着力强化有组织的目标导向型基础研究。加强与国家自然科学基金委员会的紧密合作，充分发挥气象联合基金导向作用，深入认识从局地、区域到全球尺度的天气－气候一体化灾害性、极端性天气气候事件形成和演变机理，聚焦天气机理、气候规律、气候变化、气象灾害发生机理和地球系统多圈层相互作用等重点方向，凝练制约气象高质量发展的基础科学问题，靶向设立研究方向，提升气象源头创新能力。

四是组织实施重点领域大气科学试验。推进暴雨、强对流天气、季风、台风、青藏高原等大气科学试验开展，引导行业优势力量协同攻关，力争在机理理论认识、关键技术方法创新、业务系统平台和数据集建设、观测站网布局完善等方面取得重大研究成果，为气象科研业务服务提升提供科技支撑。

五是促进学科交叉融合。围绕人工智能、大数据、量子计算与气象深度融合应用关键技术研发需求，吸引相关领域优势力量联合攻关。引导气象行业研究力量积极参与交叉领域科研活动和科研项目申报，促进知识互补和人才培育，带动气象与信息新技术等交叉学科融合发展。

六是加强国际气象科技深度合作。聚焦地球系统、气候变化等领域，加强国际国内科技合作，培育和发现具有发展潜力的科学计划和工程，探索牵头组织国际科学计划和工程的机制做法，积极争取纳入国家大科学计划和大科学工程布局，提升在全球气象领域的核心竞争力和话语权。

（二）优化资源配置，加强气象科技创新平台建设

一是统筹推进国家级气象科研院所改革。以青藏高原气象研究院为试点，强化中国气象科学研究院的龙头作用，加快推进青岛海洋气象研究院建设和乌鲁木齐沙漠气象研究院组建。统筹推进改革，建成学科特色鲜明、学术水平一流、研究队伍精干、运行管理高效的现代化研究机构。

二是谋划做好灾害天气国家重点实验室重组工作。发挥好全国重点实验室在学科布局上的统筹作用，通过优化学科定位、多方联合共建、完善激励机制、加强科研条件建设等，多措并举，进一步做大做强灾害天气国家重点实验室体量功能，使实验室的国家使命任务导向和新型业务需求导向更加明确，原始创新能力和产学研融通能力得到显著增强。

三是完善中国气象局重点实验室布局。围绕气象高质量发展关键学科领域，优化完善部级重点实验室布局，组织现有重点实验室制定改革发展方案。开展新一轮重点实验室申报评审，在数值预报技术、雷达技术应用、暴雨等领域组建一批重点实验室。

四是强化野外科学试验基地建设。加强气象国家野外科学观测研究站建设，发挥中国气象局野外科学试验基地暨大气本底站科学指导委员会的指导、咨询和科学技术引领作用，提升气象国家野外科学观测研究站科技创新能力和水平。建立淘汰机制，在高原气象、海洋气象、农业气象等关键领域和关键区域新建一批部级野外科学试验基地。加强基地仪器设备更新改造，强化基础设施建设。提升野外科学试验基地能力，组建试验基地科研团队，开展试验并加强对科学观测数据分析研究，充分发挥基地效益。

五是探索新型研发机构和产业技术创新联盟建设。结合国家及区域科创中心建设，围绕气象需求打造一批新型研发机构，持续支持青岛海洋气象研究院、南京气象创新研究院、深圳气象创新研究院、许健民卫星气象创新中心、亚太台风研究中心等新型研发机构建设。加强气象重大装备等创新平台和区域创新平台能力建设。激发企业创新活力，探索建立气象产业技术创新联盟。强化以科研院所为主体的气象战略科技力量，推动协同创新，形成国家级科研院所和新型研发机构、创新联盟等共同组成的能够支撑气象业务发展、实现气象关键核心技术自主可控与重大突破、不断培育高层次科技人才为目标的科技创新体系。

六是实施气象科技力量倍增计划。发挥科研院所建制化优势，通过加强中国气象局重点实验室、野外科学试验基地、成果中试基地等创新平台建设，强化气象科技人才队伍等举措，做大做强专职科技创新队伍。通过国家级和省级业务单位优化岗位职责，提高业务单位研发人员比例，壮大科研业务结合人员力量。通过局校合作及大气科学教育联盟，与高校积极沟通，加强气象核心业务及新兴业务领域的创新人才培养，充实气象科技人才力量。实施科技资源一体化配置，完善科技人才评价指标体系，培养一批由气象战略科学家、一流科技领军人才和创新团队组成的气象科技人才队伍。

（三）强化"三评"导向，完善气象科技创新体制机制

一是加快构建高效科研组织体系。完善科研项目、平台基地、人才团队、资金投入、科研机构编制、科技改革政策等六大类科技资源一体化配置机制。坚持气象科技创新工作定位和攻关任务需求导向，发挥好中央级科研院所专项经费、国家重点研发计划、国家自然科学基金、气象创新发展专项等中央财政科研投入作用，将重点优势资源向承担攻关任务的创新主体、平台、基地等集中和倾斜，加快重点领域和关键环节核心技术突破。扩大对外开放协同创新，通过重大项目实施，形成跨单位跨部门的联合攻关机制，发现一批能够进行方向性、全局性、前瞻性思考，具有科技组织领导才能的气象战略科学家，培养一批气象领军人才和创新团队，造就有规模有能力的青年人才后备军，形成科技项目实施促进人才成长、人才发展带动科技项目立项的良性循环机制。

二是不断强化以业务需求为导向的科研项目评审立项机制。落实国家有力有序推进创新攻关"揭榜挂帅""赛马制"改革的新要求，丰富和优化气象科技研发组织模式，探索实施更加突出用户需求、以解决问题成效为衡量标准的"揭榜挂帅"制度，充分调动和发挥省级气象部门等单位作为研发成果最终用户在创新资源投入、项目监督管理、科技成果应用、科研考核评价中的重要作用，进一步聚焦业务服务迫切需求，强化科研立项与实施的问题导向、目标导向、结果导向，激发创新活力，促进人才成长。

三是建立健全以气象业务贡献为导向的科研机构平台和科技人才团队评估机制。以完善气象国家战略科技力量体系、增强气象科技自主创新能力、实现气象关键核心技术自主可控与重大突破、不断培育高层次科技人才为目标，全国一盘棋，分类、分步实施中国气象科学研究院与8个专业院所的"1+8+N（新型研发机构）"体制机制改革，建立在中国气象局统筹下的一体化学科布局、一体化研发分工、一体化团队建设、一体化考核管理体制，最终形成学科布局合理、研发方向明确、创新活力迸发、统筹协同高效、引领业务发展、高端人才涌现的新型气象科技创新体系。组织相关科研院所参加科技部组织的使命导向管理改革、绩效评价等有关试点工作，扩大科研院所自主权。

四是破立并举推进以业务转化为导向的科技成果评价机制。实施《气象科技成果评价暂行办法》，深入推进气象科技成果评价，充分发挥科技成果评价在科技活动中的指挥棒作用，加强科技成果评价结果作用的发挥，推动优秀科技成果向气象业务服务的转化应用。推行突出创新质量和实际贡献的代表性成果评价制度，全面破除"四唯"现象，逐步以树立"质量、绩效和贡献"为核心的科技和人才评价导向，充分激发气象科研人员创新创造动力。

五是持续完善气象科技创新激励机制。健全气象科技"研发－成果认定－评价－登记－中试－转化应用－奖励激励"等全链条的科技成果管理体系，制定完善管理办法和激励措施，加强气象科技成果产出和知识产权保护，推进气象科技成果汇交，强化气象科技成果转化激励，增强气象科技人员创新活力。鼓励气象科研业务单位发挥技术优势积极推动科技成果向产业转化推广。大力推进气象科技成果中试基地建设，遴选高校、科研机构、企业、军民融合优秀科技成果进入中试，通过测试评估，推进科技成果加速向气象业务服务转化运用。构建定位清晰、结构合理、结果权威、公信力强的气象科技奖励体系，推动形成由行业管理部门指导，行业学会、协会以及企事业单位参与组成的气象科技奖励格局。

　　六是着力建设气象科研诚信体系，营造良好创新生态。完善气象科研诚信制度建设，建立健全职责明确的气象科研诚信管理体系。规范气象科研活动全流程诚信管理，将科研诚信要求落实到科研项目组织实施、科技成果管理和科技奖励评审、科技创新平台建设等科技活动全过程。全面实施科研诚信承诺制，强化科研诚信审核，建立学术论文科研成果管理制度，对违背科研诚信行为及时查处。加大科研诚信宣传，把树立气象文化自信、弘扬科学家精神、开展爱国主义教育与气象科研诚信有机结合、广泛宣传，形成气象部门爱国敬业、正派诚信、乐于奉献的行业氛围。建设气象科研诚信学习平台，为科研队伍提供经常性、沉浸式的学习支撑。

建设综合立体智能协同观测系统提升精密监测能力

曹晓钟

《气象高质量发展纲要（2022—2035年）》（以下简称《纲要》）对新阶段气象事业发展做出了全面部署，指出要加强气象基础能力建设，明确了气象监测领域的战略任务。《纲要》提出，要统筹各行业观测系统规划布局，共同建设国家天气、气候及气候变化、专业气象和空间气象观测网，提升全球气象监测能力，发展高精度、智能化气象探测装备，提高质量和效益，形成陆海空天一体化、协同高效的精密气象监测系统。

一、充分认识提升精密监测能力在加快推进气象高质量发展中的重要作用

气象科学的发展始于气象观测。回望历史，人类对气象的认识是从对大气现象的观察与感知开始的。随着观测方法的发展，对大气现象的认识由少到多、由表及深，才出现了原始的气象预测。现代科学技术和认识方法的发展，促进了气象观测手段不断改进，进而催生了气象预报、相关理论乃至气象学科的诞生。伴随着各种测量仪器的发明和应用、观测实验的大量开展，以及在

曹晓钟，中国气象局综合观测司司长。

此基础上进行的理论研究，气象学从对天气现象的定性描述逐渐过渡到量化认识阶段。之后气象科学和气象业务的很多次飞跃，也都是由观测能力的提高所触发和推动的。因此，气象观测在气象业务能力的建设中具有先导性的作用。

多年来，在党中央、国务院坚强领导下，我国综合气象观测业务发展取得了长足进步，布局适当、运行可靠的综合气象观测系统基本建成，为气象预报服务和科学研究提供了有力的基础支撑。《纲要》把"建设精密气象监测系统"的任务要求列在"加强基础能力建设"四项任务之首，凸显了实现监测精密在加快推进气象高质量发展过程中的基础地位。因此气象观测在气象业务能力的提升中具有基础性的作用。

提升精密监测能力要坚持系统观念，始终把"监测精密、预报精准、服务精细"当作一个整体，统一规划、统筹推进。要坚持需求引领，把预报精准放在气象业务链条中的核心位置，以预报精准为目标提升气象观测能力，以服务精细为目标增强观测的针对性，以气象预报服务提供有效供给为目标提高精密观测的业务质量和效益。

二、深入分析提升精密监测能力所面临的形势与需求

对标习近平总书记关于气象工作的重要指示精神，对标新发展阶段气象肩负的使命任务，对标《纲要》的具体要求，我国气象观测仍然存在一些亟待解决的突出困难和制约瓶颈，提高精密监测能力十分重要和紧迫。

第一，面向国家重大战略，服务生态文明建设，迫切需要提升精密监测能力。步入新发展阶段，面对人民日益增长的优美生态环境需要，我国生态文明建设进入了以降碳为重点战略方向、促进经济社会发展全面绿色转型的关键时期。然而，当前我国气候区和气候变量监测覆盖均不满足世界气象组织（WMO）关于全球气候观测系统（GCOS）的要求，尤其是在气候多圈层方面的监测能力非常欠缺，温室气体本底监测能力明显不足，对碳达峰、碳中和科技支撑不够，迫切需要提高气候、气候变化的精密监测能力，为生态文明建设提供科技支撑。

第二，面向人民生产生活，筑牢防灾减灾第一道防线，迫切需要提升精密监测能力。在全球气候变暖的背景下，极端天气广发、频发、重发、并发，与人民的生命安全、生产生活敏感性和关联性越来越强，经济社会发展对防范气象灾害风险的要求越来越高。然而，我国气象监测防灾减灾能力还有短板弱项。比如，青藏高原东部边坡地带等气象灾害多发易发频发区观测站网较为稀疏，西部地区天气雷达距地 1 km 高度观测覆盖范围仅为 18%，中小尺度暴雨、强对流等灾害性天气过程的监测能力不足，垂直观测的方式单一，时空密度等都不能满足灾害性天气精密监测的需求。

第三，面向世界科技前沿，统筹发展与安全，迫切需要提升精密监测能力。我国气象观测技术水平虽然较以前已大幅提升，但气象观测科技自主创新能力总体还不强。比如，部分重大观测装备的关键能力、资料处理及应用技术与国际先进水平相比仍有不足。观测技术装备智能化水平有待提升。一些观测关键技术与核心元器件水平与发达国家存在差距。部分领域观测装备国产化程度低，温室气体观测和分析装备主要依赖进口。海洋气象资料获取能力有限，服务保障海洋生态保护、海上交通安全、海洋经济发展和海洋权益维护的全球监测能力亟待提升。

第四，面向新发展阶段，推动气象事业高质量发展，迫切需要提升精密监测能力。谋划和推动新时代气象事业高质量发展，必须坚持系统观念，牢固树立质量第一、效益优先的理念，必须由国务院气象主管机构统筹协调有关部门和各级地方政府，坚持全局性谋划、战略性布局，形成多部门共建共享的国家综合气象观测系统。然而，当前各部门各行业自建的气象观测设施尚未融入总体布局，气象观测设施共建、资料共享共用不够。由气象主管机构实行统一指导、统筹协调的工作格局尚未形成。当前迫切需要建立部门间气象监测协调机制，形成由气象主管机构统一指导、统筹协调的工作格局，加强气象观测资源共享和统筹发展。

三、准确把握提升精密监测能力的总体要求和工作重点

新时代提升精密监测能力要以形成"覆盖更全"的气象监测站网、"性能更高"的气象监测装备、"质量更精"的气象监测产品、"效益更优"的气象监测系统为目标，以预报精准、服务精细需求为导向，建设综合立体智能协同的全球观测系统。"综合"即实现多种观测手段、部门内各领域观测资源以及多部门观测资源的统筹发展。"立体"即形成陆海空天一体化观测能力，特别

要加强垂直观测能力建设，进一步提高三维立体观测水平。"智能"即要打造智能观测装备，实现观测与预报互动的智能目标观测。"协同"即实现多种观测手段之间，观测与预报、服务之间同频共振、协调联动。"全球"即在观测范围上从本土沿岸观测，向远海远域拓展。

未来将通过构建国家天气、气候及气候变化、专业气象和空间气象观测网，实现站网布局科学化。通过加强雷达、卫星综合应用能力，实现质量效益最大化。通过加强全球气象观测能力，实现监测范围全球化。通过完善装备发展的支撑体系，发展高精度、高性能的气象装备，有序推进气象装备的迭代更新，实现气象装备智能化。通过健全质量管理体系，实现观测管理标准化。通过加强行业和社会观测管理，实现发展模式多样化。以监测精密的综合立体智能协同观测系统为加快推进气象高质量发展提供坚强有力支撑。

（一）优化站网布局，构建国家天气、气候及气候变化、专业气象和空间气象观测网

经过多年努力，我国已建成由近 7 万个地面自动气象观测站、120 个高空气象观测站、236 部新一代天气雷达、7 颗在轨运行风云气象卫星等组成的综合气象观测系统。进入新阶段，贯彻新发展理念，要求综合气象观测网要以满足预报服务迫切需求为目标，科学设计国家天气观测网、气候及气候变化观测网、专业气象观测网和空间气象观测网，充分发挥建设的产出效益。

围绕发挥气象防灾减灾第一道防线作用，完善国家天气观测

网。以加强灾害性天气监测和消除重点区域观测盲区为目标，通过更新、升级、补充、新建方式，形成与卫星遥感观测互补的、更加精细立体的国家天气观测网。国家天气观测网包括国家地面气象观测网、国家天气雷达观测网、国家高空气象观测网、国家地基遥感垂直廓线观测网。国家地面气象观测网按照 30 km 站间距布设 10930 个国家级地面气象观测站，在此基础上，各省（区、市）、民航部门等可根据实际需求布设地面气象观测站。国家天气雷达观测网按照 400 mm 降水线以东全覆盖、以西主要人口聚集区全覆盖的原则布设。同时在人口聚集不多的区域和新一代天气雷达遮挡区，增补小型雷达进行补盲、补缺，实现全国地级以上城市、东部县级以上城市天气雷达全覆盖。国家高空气象观测网在现有 120 个高空气象观测站的基础上，增加布设 11 个站，达到 WMO 平均站间距 250 km 的要求。国家地基遥感垂直廓线观测网在国家高空气象观测网同址布局地基遥感垂直廓线观测站，实现温、湿、风、水凝物、气溶胶的垂直观测。

以增强基本气候变量和气候系统多圈层观测能力为重点，以支撑国家双碳战略为导向，建设国家气候及气候变化观测网。国家气候及气候变化观测网包括国家气候观测网、国家气候变化观测网和国家大气成分观测网。国家气候观测网包括国家气候观象台、国家气候基准站和国家气候基本站。在我国 65 个气候区，每个气候区布设一个国家气候观象台。按照气温解释方差 98%、降水解释方差 90% 的原则在全国布设 217 个国家气候基准站。按照 50 km 站间距在全国布设 2210 个国家气候基本站。在国家气候观测网的基础上，在 16 个关键气候区各布设一个大气本底站。同时，聚焦生态保护和修复，补充建设生态气象观测及通量观测站，构成国家气候变化观测网。除了 16 个大气本底站以外，国家大气成分观测网还包括现有的黑碳气溶胶、酸雨及大气化学等方面的观测站。

以满足人民美好生活需要、适应国民经济和社会发展各领域气象服务需求为着力点，拓展专业气象观测网。通过加强与各行业主管部门的协作，引导市场主体合作建设专业气象观测网。专业气象观测网包括国家农业气象观测网、国家雷电观测网以及风能、太阳能、交通等其他专业气象观测网。国家农业气象观测网包括 653 个国家农业气象观测站和 70 个国家农业气象试验站。在此基础上，支持在高标准农田区、粮食生产功能区和重要农产品生产保护区分类建设区域农业气象观测系统。按照东部 80 km、西部 150 km、全国平均 100 km 的站间距，完善国家雷电观测网，提升云地闪探测性能，增强云间闪监测能力。建立部门间气象观测协调机制，组建风能、太阳能、交通专业气象观测站（网），共建共享，做好碳达峰碳中和目标愿景下国家新能源发展和能源安全新战略气象服务。

以保障国家安全、服务国家重大战略为目标，完善空间气象观测网。建设由天基部分（由风云系列等卫星及相关载荷组成）、临近空间（由平流层探空、高程激光雷达等组成）和地基部分（由太阳综合观测站、电离层和中高层大气观测网、地磁和宇宙线观测链等组成）组成的天地一体、日地空间因果链基本覆盖、多要素分区协同监测的空间气象观测网，为保障国家安全和重大航天任务提供准确的空间天气监测服务。

（二）提高质量效益，加强雷达、卫星综合应用能力

进入新阶段，气象观测系统发展从注重数量发展进入更加注重质量发展的阶段。监测精密，应该是在"精"的前提下的"密"。雷达、卫星是气象事业发展的两大支柱，在气象防灾减灾和服务生态文明建设等工作中发挥了重要作用。在新阶段，将持续推进雷达气象业务改革，提升风云卫星应用能力，以雷达、卫星的提质增效促进整个观测系统效益发挥。

深化雷达气象业务改革发展，提升气象雷达综合应用能力。强化气象雷达技术标准和新技术研究应用，加强气象雷达研发支撑和业务应用试验。推进雷达气象业务技术体制改革，加强多体制气象雷达智能协同观测业务试验，完善气象雷达运行监控和标定业务管理。优化气象雷达观测资料质控业务，完善气象雷达监测产品体系，加强气象雷达资料在数值模式中的同化应用。完善强对流天气的临近监测预警业务，优化气象雷达天气应用业务布局，强化与各地实际相适应的短临监测预报预警业务体系。规范雷达单站产品加工软件系统。统一部署全国和区域雷达组网产品加工系统。发展三维风场、降水类型识别等雷达产品算法。

加强协同技术攻关，提升强对流天气智能协同观测能力。重点开展X、C、S等不同波段、不同技术体制天气雷达智能协同观测系统建设和观测试验，建立强对流天气智能协同观测系统，针对重点目标区域构建最佳的智能协同观测策略，实现强对流天气发

生、发展及消亡全过程的精细化观测，强化多波段多体制雷达三维风场、水凝物场产品研究，即时生成三维风场、水凝物场的格点数据，达到对强对流天气即时发现、即时预警、即时服务目的。

持续健全卫星气象业务体系，提升卫星综合应用水平。持续改进卫星观测数据质量。提升高精度卫星数据处理能力、精准预报预测支撑能力、气象灾害监测预警能力。发展集约高效智慧的地面应用系统，持续推进"风云地球"建设，增强风云气象卫星全球数据获取的时效和保障能力。完善全国卫星遥感应用体系，加强省级以下多源卫星资料产品获取能力和遥感应用服务能力，发展多源卫星融合产品，生成格式统一、频次一致的动态实况图，实现部分数据产品的融合应用。

加强观测与预报服务的互动，提升观测系统质量效益。开展观测质量实时监测，完善预报服务业务中的观测资料异常报告制度和模式改进评估。加强三维实况大气场与数值预报之间的误差分析和对比评估。强化观测数据的模式应用及业务融合，提升数据同化质量，进一步支撑我国数值预报对灾害性天气预报水平的提升。完善观测产品－数值预报双向循环改进，基于数值预报建立观测敏感性分析业务，实现灾害性天气前期目标观测区识别，不断优化国家天气、气候及气候变化、专业气象和空间气象观测网布局，针对天气系统关键区、气象灾害多发易发区、气候变化敏感区、流域重点防汛区形成专项布局方案。

（三）保障国家安全与发展，提升全球气象观测能力

气象事业发展要与国家战略、地方发展战略做到全面融合。

针对全球极端天气气候事件频发的现状，面向服务人类命运共同体，更好履行世界气象中心职责，体现大国担当，拓展气象观测的区域范围，着力提升全球气象观测能力。

服务国家战略，强化远海、远域观测能力。 在提升沿海和近海海洋气象观测能力的基础上，实施远洋船舶等气象观测设备搭载计划，建立海洋气象机动观测系统。持续布放固定数量的海洋气象漂流观测仪，填补全球主要海域海上气象监测空白区。在国家重点工程的支持下，在太平洋、印度洋的气候监测关键区，布设锚系浮标，开展长期定点的高精度海洋气象观测。

开展与行业部门的技术和业务合作，实现全球行业资源共享。 加强同海洋局等涉海部门、企业、高校、科研院所的深度合作，统筹站网布局规划设计，共同研发海洋气象观测设备，加强观测技术交流。共同组织海洋观测试验，逐步统一相关观测标准规范。建立部门间气象观测协调机制，逐步形成"综合观测协作、观测站网共用、观测数据共享"的合作理念。引导市场主体合作建设，形成政府主导、多部门协作、社会企业参与的海洋气象观测共建共享共创共融发展格局。

深度挖掘国际、国内相关海洋观测信息，形成全球气象观测产品。 建立全球海洋观测产品系统，深入开展全球通信系统（GTS）国际共享信息的分析和处理，加强部门合作，融合国内观测信息，生成数据集，形成较为完善的海洋气象观测产品库。建设海基卫星遥感综合观测平台，开展卫星在轨科学试验，重点解决全球范围内卫星海洋观测数据获取、处理、应用支撑，发挥海洋卫星遥感资料在海洋防灾减灾中的作用。

建立健全风云卫星国际工作机制。继续实施风云卫星国际防灾减灾机制，通过合作建设风云卫星海外直收站、加强风云卫星数据产品共享等，为"一带一路"沿线国家和地区提供风云卫星数据服务。组建"一带一路"遥感服务中心，形成双边和多边合作长效工作机制，以及国际防灾减灾应急保障机制。持续开展国际遥感专题会商、国际用户培训，召开风云卫星国际用户大会等，进一步扩大风云卫星国际影响力。

强化风云卫星全球监测服务能力。继续发展风云三号业务卫星、风云四号光学卫星，研发风云四号微波卫星，科学谋划发展第三代风云卫星，形成风云极轨和静止卫星协同智慧观测能力。通过优化卫星轨道布局与多星组网等方式增强风云卫星全球观测能力。充分利用 GTS 交换数据，加强卫星全球监测产品研制开发。开展风云气象卫星对全球主要气象灾害、农业和生态环境监测业务能力建设，满足区域和全球气象灾害的快速精密监测需求以及多尺度精准气象预报预测服务需求。

（四）强化技术支撑，发展气象装备，完善试验验证体系

人工智能、电子信息、物联网、光电技术、新材料、新工艺等的迅速发展，给气象观测装备发展带来了强大的推动力，更多功能更强、性能更高的观测装备开始在气象观测业务中应用，不断推动综合气象观测的高质量发展。

坚持科技创新引领，加快智能化、国产化装备的研发与应

用。始终按照"应用一代、研制一代、预研一代"的理念，提前谋划观测技术装备发展。对于全国建设或部分区域重点建设的装备，向社会公开技术装备需求，引导企业、科研院所和高校利用各方资源推动装备研制和试验。对于建设量少、技术要求高的观测技术装备，在引导企业研制的基础上，充分利用重大科技专项等投资渠道予以支持。坚持创新发展，将人工智能等当代高新技术应用到气象智能装备发展中。加大对国产化观测装备的支持力度，对于业务急需、属于"卡脖子"的技术装备，在各类重大科技专项中予以优先安排。在装备采购和业务应用中明确国产化率要求，支持已有国产化产品的技术装备进入业务。

加强对观测试验基地和试验验证项目支持力度，提升试验基地业务能力。我国已建成由 5 个国家级综合气象观测试验基地和 20 个专项气象观测试验基地组成的综合气象观测试验基地体系。未来在现有 25 个试验基地的基础上适当扩充规模，统筹集约，实现一址多用、一站多能。大幅提升试验基地能力，探索建立新型观测装备进入业务之前必须经过试验验证的工作机制，在试验基地完成观测设备、观测方法、数据传输、质控和产品应用的全业务流程的试验验证，实现新型装备快速融入业务。统筹科技专项、重大工程项目和财政维持费用，对观测试验基地和试验验证项目予以有力的支持。

建立完善装备迭代更新机制，确保各类业务装备高质量运行。不断完善现用业务装备升级和更新机制，实现观测系统有序迭代更新。结合气象观测技术发展情况、观测业务实际需求和观测装备业务运行情况，优先升级业务需求迫切、技术成熟度高和装备运行状态不佳的观测装备，提升观测装备技术性能和智能化水平。滚动更新运行 8 年以上的自动气象站、闪电定位仪和 15 年以上的天气雷达等观测装备，并对运行超过 8 年的天气雷达等大型装备进行升级。针对高原、海岛等地区的艰苦台站，适当缩短装备迭代更新年限。

加强气象无线电频率精细化管理及技术支撑能力建设，实现气象业务用频科学、安全、高效。气象无线电频率是影响气象高质量发展的战略性、基础性资源，涉及陆海空天观测及气象通信业务。按照建设精密气象监测系统总体要求，修订气象无线电频率管理制度，加强无线电频率管理规范化建设。编制气象卫星体系和气象雷达体系等频率使用专项发展规划，积极争取纳入国家相关频率专项规划。组建气象无线电频率协调管理专业化队伍，改善工作环境，夯实技术基础，提升支撑能力。开展气象卫星体系、气象雷达体系和垂直遥感体系分装备、分频段的频率利用率分析。强化我国在国际电联无线电通信部门（ITU-R）的参与度，提高我国在国际上的话语权。

（五）科学管理运行，健全观测业务质量管理体系

我国气象观测系统规模庞大、管理难度高。为提高管理效率、促进观测业务质量提升，2020 年年底，我国建成了覆盖气象观测业务全流程的质量管理体系，并取得了 ISO 9001 认证证书，气象观测质量管理实现了与国际接轨。面向高质量发展新要求，将持续运行并不断完善观测质量管理体系，以高质量的管理保障

气象观测系统安全、稳定、可靠、高效运行。

持续完善观测全流程管理标准制度体系。按照 ISO 9001 质量管理体系要求，定期分析气象观测发展的内外部环境，结合实现监测精密的战略目标，制定科学合理的近期发展目标。滚动梳理观测各领域业务流程，定期开展不同业务领域从技术装备到数据获取、数据处理以及运行保障全流程技术标准和管理制度评估，查找业务管理各个环节存在的问题和薄弱环节，及时调整和补充。加强综合气象观测业务运行准入和退出管理，实现由系统建设向业务运行的无缝隙转换，确保观测生产关系适应生产力发展。

加强观测管理标准制度执行，完善数据质量检验业务。充分发挥质量管理体系内部审核、管理评审、外部审核三大审核工具的作用，实现对观测全流程管理标准制度执行情况的监督检查。基于大数据云平台，建成地、空、天一体化观测数据和产品质量检验业务，完善综合气象观测数据质量控制系统，提升观测数据的质量和精度，质控时效达到秒级，观测数据质控覆盖率达到100%，总体达标率达 99.5% 以上，观测数据精度达到欧美等发达国家技术水平。通过台站端业务软件控制、质控算法优化等方法，提高地面、高空、雷达观测数据质量。

以问题整改和目标考核促进观测系统质量效益提升。针对检查中发现的问题，深入剖析原因，从体制机制、规章制度等层面挖掘问题产生的根源，采取措施从根本上解决根源问题，避免同类问题再次发生。充分发挥目标考核的指挥棒作用，合理制定考核目标，逐步完善气象观测业务质量考核评估方法，从结果考核向过程考核转变、考核对象从以人工观测为主向以自动化观测为重点转变、考核方式从单一指标考核向多指标综合考核转变，实现对所有观测业务项目和工作流程的全覆盖，以考核促进观测系统质量效益的提升。

（六）创新发展模式，加强行业和社会气象观测管理

推进气象高质量发展，要发挥气象主管机构在气象观测领域的主管作用，加强气象观测设施装备的统筹规划、优化布局、统一标准，推动气象观测资源在部门间的共享和统筹发展。在鼓励、规范的基础上，依靠市场机制，强化预报服务需求导向，推动社会气象观测的持续发展。

完善《中华人民共和国气象法》赋予气象主管机构的社会气象观测管理职能。从国家安全角度探索增设气象设备强制备案制度，国内厂家生产气象装备，代理销售国外气象装备，要向中国气象局备案，以防止未经批准在国内开展气象观测活动。强化已有的数据汇交制度，防止敏感气象信息传输至境外，将评估合格的志愿气象观测站统一纳入国家气象综合观测站网。

鼓励和引导社会气象观测活动，统筹协调行业气象观测的发展。探索政府购买服务模式，采用市场化方式引导各类社会观测主体规范开展观测并汇交观测数据。充分发挥气象主管机构在气象观测领域的引领作用，推动各地普遍建立由气象主管机构牵头、政府协调、相关部门参与的气象设施科学布局规划的领导机制和工作机制，逐步将民航等部门自建气象探测设施分类纳入国

家气象观测网。

建立以市场为主体的科技创新机制，统筹做好社会气象观测管理。开展社会气象观测领域应用需求和技术合作，研发新型观测技术设备，提升数据质量控制和融合应用技术，以市场化方式推动社会气象观测数据在防灾减灾救灾领域的分析应用。研究行业气象观测标准和管理规范，推动出台国家级或部门间气象设施共建共用共享的相关条例，建立健全安全高效的观测数据共享共用机制，建立相应的规范管理能力。

发挥业务"龙头"作用
提升精准预报能力

张志刚

　　精准预报是做好精细气象服务、筑牢防灾减灾第一道防线、保障人民生命财产安全的重要倚仗，是气象事业高质量发展的核心和关键。精准预报在气象业务中发挥着"龙头作用"，关系精密监测的科学布局，更是精细服务提质增效的有效支撑。随着全球气候变化以及经济社会的快速发展，社会公众和行业部门对精准预报的要求越来越高，不断提升预报预测准确率和精细化水平是气象业务的核心任务和重点目标。《气象高质量发展纲要（2022—2035年）》（以下简称《纲要》）提出，要构建精准气象预报系统，逐步形成"五个1"的精准预报能力，我们必须通过强化预报关键核心技术攻关，发展地球系统数值预报模式，健全智能数字预报业务体系，建成气象综合预报预测分析平台，推进预报业务技术体制改革，持续不断提高气象预报预测水平。

一、充分认识新阶段精准预报面临的新需求和新挑战

（一）新阶段国家重大发展战略和人民群众美好生活对精准预报提出新需求

　　2022年即将召开党的二十大，现阶段至2035年是我国乘势

张志刚，中国气象局预报与网络司副司长。

而上开启全面建设社会主义现代化国家新征程、向第二个百年奋斗目标进军的新发展阶段。为全面建成社会主义现代化强国，党中央提出防灾减灾、气候变化、参与全球治理等重大发展战略，明确了加快构建以国内大循环为主体、国内国际双循环相互促进的新发展格局，气象精准预报面临新形势和新需求。随着经济社会快速发展、人民群众对美好生活的追求增多，社会各界对气象风险的敏感性不断增加。人民群众日常出行、交通旅行、学习生活方方面面对气象预报的精准化、个性化提出更高需求。小到出行规划，大到国民经济，都离不开精准预报。这迫切需要气象部门提高政治站位，全面提升无缝隙、全覆盖精准预报能力。

（二）极端天气气候事件频发对精准预报提出新要求

根据联合国政府间气候变化专门委员会（IPCC）评估结果，预计到 21 世纪末，全球地表平均温度可能升高 1.1~6.4 ℃。在全球变暖背景下，我国极端天气气候事件明显增多，强度明显增强，气象灾害的多发性、突发性、极端性、难以预见性日益突出，已超出以往的经验和认知，导致气象灾害监测预报不确定性不断加大，给预报精准度和提前量的提升带来了很大的挑战。在全球化和城镇化发展背景下，人群更加向城镇集中，经济社会活动流动性加大，由此带来的气象灾害放大效应、连锁效应日趋明显，作为气象灾害影响预报和风险预警基础的精准预报的重要性和作用日益凸显。

（三）科技进步和国际局势变化给气象预报带来了新机遇和新挑战

新一代信息技术正带来新一轮革命性变化，随着人工智能、大数据、云计算、区块链等信息科技快速发展，在各行业的应用呈现爆发式增长，并将作为未来科技发展的重要方向。人工智能、大数据、云计算等新兴技术逐渐在地球科学领域展现了较为显著的应用前景，给气象预报预测技术转型升级注入了新动能。AccuWeather、墨迹等先进气象服务公司凭借社会化数据收集、信息新技术运用以及与用户端紧密结合等方面的优势对传统气象预报业务形成强烈冲击，倒逼气象预报业务加快智能化、数字化进程。当前，随着逆全球化、保护主义、单边主义等思潮逐渐抬头且愈演愈烈，国际经济、科技、文化、安全等格局都在发生深刻调整，气象预报业务发展面临的外部环境也将发生深刻复杂的变化。强化核心技术攻关，实现气象预报领域关键技术自主可控和国际领先，是精准预报能力建设的当务之急。

二、准确把握国际精准预报业务技术发展新趋势

（一）地球系统框架下气象预报已进入无缝隙、智能化时代

近年来，世界天气开放科学大会、WMO、地球系统科学家学会等国际组织，均先后提出要构建从分钟到年代际，从局地到全球，从天气、水、气候到环境及其影响的全覆盖、无缝隙全球预报系统，并将其作为未来几十年气象科学发展方向。基于多源观测资料和多种类、多尺度数值预报模式产品，采用动力、统计、人工智能等方法开展模式解释应用，并开展多源预报融合生成最优客观预报，已经成为英美等国开展无缝隙全覆盖天气气候

预报的主流技术路线。实现"无缝隙"的重要前提，是实现地球系统多圈层的耦合。目前，利用多圈层耦合的高分辨数值模式开展天气预报、次季节至季节及年际尺度的气候预测已成为国际重点前沿领域。

（二）数值预报快速发展促进传统预报业务转型发展

欧洲中期天气预报中心（ECMWF）基本实现了全球天气预报、气候预测、大气环境预报以及全球监测的完整体系。以英、美两国为代表的西方发达国家，均发展了自主可控、完整的数值预报业务体系，研制和业务运行海洋、海冰、陆面等气候系统其他圈层关键变量的同化分析系统。天气模式方面，国际主要业务中心全球模式水平分辨率已达到9~37公里，全球集合预报水平分辨率为20~60公里；区域高分辨率模式分辨率为1~3公里，中尺度集合预报分辨率为2~5公里。ECMWF全球模式采用集合变分相结合的四维变分同化技术，卫星资料同化占比超过90%，可用预报天数为8.5天。高分辨率模式多采用快速循环策略，吸收高频、高空间密度观测，快速预报预警中小尺度天气事件。气候模式方面，ECMWF气候模式水平分辨率已达到30公里，模式层顶提升至0.01百帕，并已开展多圈层耦合同化和多模式集合预报。

数值预报的快速发展带动了高频、海量地球系统数据的及时处理和有效应用，带动了传统气象预报业务由主观向客观的高效转变，促成了定时、定点、定量预报能力的有效实现，为精准化、智能型预报新业态的转型发展提供了强有力的技术支撑。

（三）我国精准预报业务能力提升任重道远

党的十八大以来，在党中央、国务院的坚强领导和高度重视下，气象预报准确率稳步提升，气象"芯片"数值预报模式基本实现自主研发，暴雨预警准确率提高到 89%，台风路径预报 24 小时误差缩小到 65 公里，强对流天气预警时间提前至 38 分钟，为我国经济发展、社会进步、百姓生活、行业生产做出了积极贡献。但对标国际先进水平和经济社会发展需求，气象预报无论是在精准度还是提前量上，都还有一定差距，主要表现在：**一是**数值预报较国际先进水平相比仍然存在较大差距；在动力框架、物理过程和资料同化等核心技术方面尚需持续深入；数据和芯片断供带来模式运行风险。**二是**灾害性天气气候监测预报预警业务能力仍然不足，分区域、分时段、分强度预报预测任重道远。**三是**以大数据、人工智能技术为支撑的气象"二次算法"研发还需深入。

三、深刻理解精准预报发展思路和内涵

庄国泰局长在 2021 年全国气象工作会议上指出，要突出预报精准在协同推进监测精密、预报精准、服务精细中的"龙头作用"，以精准预报为目标提升气象观测能力，依托精准预报提升气象服务能力。未来，精准预报要对标国际趋势、瞄准先进技术，以精密监测气象资料为依托，以满足生命安全、生产发展、生活富裕、生态良好服务需求为导向，对标"五个1"精准预报要求，破解制约预报业务发展的关键难题，不断提升预报预测科研业务能力，以重点突破带动全局发展。

（一）发展思路

充分发挥精准预报"龙头作用"，基于地球系统大数据云平台，以数据为中心贯通观测、预报和服务的业务大循环。强化关键核心技术攻关，加快发展自主可控的地球系统数值预报模式，加强海量观测资料的有效应用；健全无缝隙、全覆盖、精准化、智慧型的预报业务产品体系，建成协同、智能、高效的气象综合预报预测分析平台，不断提气象预报预测水平。

（二）"五个 1"内涵和发展指标

在提升预报准确率上精准发力，做到提前 1 小时对未来短时强降水、雷雨大风、冰雹等的百米级、分钟级预警平均准确率达到 80% 以上。提前 1 天对未来 24 小时晴雨、气温、风向、风速、相对湿度等的 1 公里、逐小时预报平均准确率达到 85% 以上。提前 1 周对未来重大灾害性天气的 5 公里、3 小时预报平均准确率达到 80% 以上。全球重要城市天气预报和灾害性天气预报达到世界先进水平。全国次季节气温和降水预测空间分辨率达到 10 公里，准确预报 1 个月内重大天气过程次数和发生时段，以及台风、暴雨、高温、强降温、干旱等灾害性天气过程的发生频率和转折期。准确预测未来 1 年及年际尺度以上的影响全球社会发展的厄尔尼诺、拉尼娜、MJO、ENSO 等气候事件。

四、多措并举切实提升精准预报业务能力

（一）大力发展我国自主可控地球系统数值预报

一是举全国之力，打造世界先进的地球系统数值预报中心。加

强数值模式研发顶层设计。集内外之力、融全国之智，建立部门内外技术协同发展机制，强化国内外高校、科研院所、军队有关部门以及相关企业的开放协作。建立健全地球系统数值预报国际科学咨询委员会，汇聚一流的数值预报研发人员，打造数值预报人才新高地。争取用5~10年时间，打造世界先进的地球系统数值预报中心。**提升数值预报统筹研发能力。**搭建数值预报统一研发科技创新平台，创建多部门、跨单位的人员统筹集约研发、成果及时集成应用的研发环境。构建国家级协同联动、国省统筹研发、部门内外扩大开放合作的数值预报统筹研发工作格局。打造中国特色的地球系统数值预报研发业务体系，发展自主可控、安全可靠的地球系统数值模式。

二是推进统筹集约，建立地球系统数值预报业务体系。**提升全球数值预报能力。**实现全球天气模式水平分辨率达到12.5公里，可用预报天数达到8.5天。全球气候业务模式分辨率达到30公里，模式层顶达到0.01百帕，提升东亚季风、ENSO、MJO等指标的预测能力，达到国际同期先进水平。**提升区域数值预报能力。**建成全国1公里、局部百米级分辨率，逐小时更新的快速循环同化预报系统，24小时大雨预报TS评分提高5%。区域天气模式亚太区域分辨率提升至5公里，中国区域3公里对流尺度集合预报实现业务运行。**提升专业数值预报能力。**实现近海1~3公里台风、海雾快速循环预报能力，实现空间分辨率达5~9公里、预报时效达7天的西北太平洋、北印度洋等海域的台风、海雾和海上大风预报能力。发展百米级污染扩散应急系统。

三是聚焦核心技术，实现数值预报业务技术重点突破。构建下一代一体化模式动力框架。开展一体化模式动力框架研发，实现全球/区域一体化框架分辨率灵活可调；实现对非静力现象的准确刻画，提升陡峭地形区的计算稳定性。**优化数值模式尺度自适应物理过程。**改进与模式分辨率相匹配的积云对流物理过程、边界层物理过程等参数化方案；改善陆面分量模式、高分辨率海洋等物理过程。**构建支撑下一代模式框架的耦合资料同化系统。**加强资料同化系统建设，实现卫星资料同化占比达到85%；加强多圈层耦合同化系统建设，改进快速辐射传输模式。**实现人工智能与数值预报的全面融合。**加强人工智能技术在数值预报的全流程、各环节应用。结合人工智能、机器学习等先进技术，推动100万人口以上大城市建立快速融合更新系统。

四是强化支撑保障，提升异构众核高性能计算能力。加强异构众核高性能计算技术应用。开展并行可扩展计算，提高气象高性能资源管理决策的自动化和智能化程度。开展天气气候一体化模式在众核架构高性能计算机上高效大规模并行的框架研究；研发适合未来地球系统数值预报不同业务应用配置的耦合、嵌套技术等。

（二）以数值预报为基础，构建"无缝隙、全覆盖"智能数字预报业务产品体系

基于地球系统数值模式，全面建成从分钟到年代际，从局地到全球，从天气、气候、水和环境及其影响的全覆盖、无缝隙的预报预测产品体系。

一是完善实况业务产品体系。基于大气再分析预报技术，全面建立"全球－区域－局地"一体化的多要素、多圈层实况业务

产品体系。实现全球、行业和社会化等实况资料的发现、收集及服务统一管理，实况业务技术进一步自主可控，雷达卫星反演产品和实况产品质量接近国际同类水平，全球、中国、局地的近地面实况产品时空分辨率分别达到分钟级、公里级和百米级。

二是完善天气预报业务产品体系。基于数值天气预报和智能网格预报技术，完善从短时临近到短中期的智能天气预报产品体系。建立分钟级滚动更新的短时强降雨、雷暴大风、冰雹、龙卷等临近预报产品，发展分类强对流、基本气象要素等短时预报产品，完善气象要素短中期网格预报产品，进一步完善暴雨（雪）、台风、高温、寒潮、大雾等灾害性天气智能监测、精准预报预警产品。完善全球智能网格预报业务，不断提升时空分辨率，发布短临、短中期全球气象要素网格预报产品。

三是完善气候预测业务产品体系。建立次季节－季节－年际－年代际、多尺度无缝隙的全球与全国的气候监测预测产品体系。发布全球和全国次季节－季节（15~60 天）气温、降水等主要气象要素的确定性网格预测产品，主要气候现象和季风进程的气候预测产品，以及雨季进程、强降温、强降水、高温等主要过程预测产品，形成精细化的逐旬逐月滚动的确定性和概率性预报产品，以及年度和 1~5 年平均的年景预测产品；发展沙尘暴、霜冻、伏旱、寒露风、倒春寒、连阴雨等区域特色客观化预测产品。

（三）强化基于雷达、卫星等多源资料的气象灾害监测预警能力

基于人工智能、大数据等新技术，发展以雷达、卫星等多源资料同化应用为支撑的气象灾害预报预测技术，重点提高对国家粮食、经济、安全、生态有直接影响的灾害性天气短临监测预报预警能力。

一是切实提升灾害性天气监测预警能力。深化暴雨、强对流和龙卷风等灾害性天气发生发展机理和影响机制研究。完善实时监测分析业务，提升分类别、分强度灾害性天气监测能力。完善灾害性天气预报预警技术体系，加强复盘总结，提升不同区域、不同类型暴雨和极端暴雨精准预报能力。完善雷暴大风预报预警业务，建立龙卷风潜势预报业务，完善龙卷风临近预警试验业务。初步建立气象灾害风险管理业务体系，实现灾害实时监测、定量化影响评估和风险预估。

二是持续强化短时临近预报预警能力。发展强对流天气精细化监测和智能识别技术，提升局地突发强对流天气实时监测能力。持续深化中小尺度强对流天气生消机理和影响研究，完善基于多源观测资料、高分辨率数值预报、人工智能等新技术的强对流天气临近预报技术，进一步提升局地突发强对流精准预报能力。优化观测数据质控和传输流程，实现雷达、卫星、自动气象站等的资料准确、快速、完整到达预报业务平台。加强短临预报预警服务能力培训，提升基层预报员特别是县级预报员对雷达、卫星等多源资料和产品的理解应用能力。构建短临预报预警的集约协同高效的业务布局和流程。

三是提升重点区域极端气候事件监测预警能力。发展暴雨洪涝、干旱、高温、低温、台风等主要天气气候事件的检测归因技术。

研发全球主要气候现象和关键大气环流系统的多时间尺度自主监测技术。构建生态风险评价与预警体系。建立针对陆地生态系统的气候预测业务，建立气候条件和极端事件对生态系统的影响评估业务。

（四）大力提升气象影响预报和风险预警

推进气象预报预警与水文、地质、环境等多领域跨学科融合。强化气象风险普查成果的深入应用，发展完善台风、暴雨（雪）、城市内涝、高（低）温、干旱、寒潮、大雾等多灾种对承灾体的精细化、针对性影响预报和风险预警业务，实时滚动发布定量化评估和风险预警产品。

一是大力提升流域气象保障能力。强化流域意识，不断提升松花江、辽河、海河、黄河、淮河、长江、太湖、珠江等江河流域气象保障能力。加强水文、航运气象监测及实况业务，完善流域精细化气象要素网格预报业务，建立精细至中小流域的全国流域面雨量业务体系。强化气象与水文、航运交叉结合，发展精细化气象水文预报模型。强化流域降水过程和强度预测业务，完善重点防汛流域、重点水库和中小河流洪水气象风险预警业务，发展流域气候影响评估业务。提升流域防汛抗旱、水土流失、生态保护与修复气象保障服务能力。

二是大力发展远洋气象导航和航空气象保障能力。发展全球航区台风、海雾、大风等灾害天气以及海流、巨浪、海冰预报技术，提升全球重点航线、主要港口和城市以及主要海域精细化监测预报预测能力。建设远洋气象导航核心产品生成系统，形成船舶避台风航线动态规划和航行风险产品，为远洋船舶航行提供满足需求的航线设计产品。基于全球模式和分类强对流预报技术构建适用于航空服务的危险天气预报产品，实现航危天气的监测。初步形成全球航危天气监测、起降阶段服务以及航危天气客观预报服务体系。利用三维立体分析技术，构建较为完善的全球航空气象服务平台。

三是提升基于影响的气候预测能力。基于各类重大天气气候过程的历史监测结果及其对农业生产、生态环境、交通、能源、电力、森林草原火险、高温低温健康的影响和风险数据，构建气象影响和风险评估模型。根据重大天气气候过程的持续时间、异常强度或者降水、气温、风、光等要素异常预测结果，构建延伸期、月、季节等不同时空尺度，对各行各业和影响人群等的影响预报预测和风险预警业务。

四是提高全球高影响天气气候监测预警能力。建立智能数字的全球网格预报业务，不断提高时空分辨率和预报精准度；开展全球热带气旋、强降水、洪涝、高温、干旱、寒潮等天气气候事件的实时监测评估和早期预警业务。开展"一带一路"等重点区域的全球影响评估服务业务。主动服务国家重大战略，优化全球气象业务体系布局，增强全球气象服务保障能力。

（五）建立"协同、智能、高效"的预报预测业务平台

基于地球系统大数据底层平台，应用统计模型、客观算法、业务行为、各类实况数据和数值模式等集成智能预报模型，构建面向预报预测业务的交互分析与产品制作服务平台。平台支持跨地域、跨层级、跨部门信息共享和网络协同，能够实现基于场景感知和用户需求的个性信息抽取推送、各类气象要素和灾害性天

气气候事件的动态实时自动预报；实现面向桌面端、云端、移动设备、智能大屏等的普适计算环境应用端的多级别、跨终端的协同数据分析、预报预测以及预警服务产品制作和发布。

（六）推进预报业务技术体制改革和科技创新

一是推进预报业务技术体制改革。坚持预报技术研发和产品制作向国家级和省级集约，产品应用和服务向市县级下沉；国省两级客观预报算法向"云"上部署，市县级直接业务应用。厘清国家级业务单位的职责边界，实现同级业务的有效衔接和有机互动。建立以智能网格预报产品为主线的智能预报技术流程，逐步实现基本气象要素以客观预报为主、短临天气预报和灾害性天气预报预警以主客观融合为主的业务技术流程；构建国省两级协同、实时共享、滚动更新的气候监测预测一体化业务流程。

二是加快突破气象关键核心技术。以提高预报准确率为牵引，进一步明确预报重点研究领域和优先发展方向。既要围绕天气机理、气候规律、灾害发生机理以及地球系统多圈层相互作用等基础研究"十年磨一剑"，更要瞄准气象"卡脖子"关键技术，持续在地球系统数值预报、灾害性天气预报、气象卫星和雷达等领域开展技术攻关，强化团队建设和人才培养，加快实现关键核心技术的自主可控和重大突破。

发展智慧气象服务
提升精细服务能力

王亚伟

习近平总书记在新中国气象事业 70 周年之际，对气象工作作出重要指示，多次强调"服务"，要求坚持服务国家、服务人民，做到精细服务，提高气象服务保障能力。这充分表明了党中央对做好气象服务寄予殷切期望，体现了气象服务的特殊地位和重要作用。国务院印发的《气象高质量发展纲要（2022—2035年）》要求，努力构建科技领先、监测精密、预报精准、服务精细、人民满意的现代气象体系，以智慧气象为主要特征的气象现代化基本实现，服务精细能力不断提升，气象服务供给能力和均等化水平显著提高。发展智慧气象服务，提升精细服务能力，是气象服务高质量发展的重要目标和显著标志。

一、气象高质量发展对精细服务能力提出更高要求

（一）气象现代化成果应用对服务产品加工提出高要求

经过多年持续的气象现代化建设，我国已经建成了布局适当、功能较完善的综合气象观测系统和无缝隙智能化的气象预报预测系统。立体精密的气象卫星、雷达等观测产品，快速更新的

王亚伟，中国气象局应急减灾与公共服务司副司长。

网格实况产品和高时空分辨率的智能网格预报产品陆续投入业务运行。但气象服务对精细化的观测预报业务产品应用还不够，观测、预报、服务存在相互脱节现象。大量基础气象业务数据和产品还没有在服务端应用，优质前端产品在气象服务中的应用广度和深度不够，气象现代化建设红利没有得到充分释放。要加强观测预报现代化成果在气象服务中的应用，提升综合观测和智能预报产品的服务应用加工能力，为精细气象服务奠定坚实基础。

（二）数字化智能化转型对服务平台建设提出高要求

当前，大数据、移动通信、人工智能等新一代信息技术迅猛发展，给经济社会发展和生活生产形态带来深刻影响和变革。有机构预测，到2025年底，世界上一半以上的人口将至少接受一项行为互联网计划。美国推出"天气无忧国家"战略构想，发布人工智能（AI）战略，利用AI来推进需求驱动型优先任务，降低数据处理成本，为社会提供更高质量、更及时的产品和服务。我国数字化建设也在加快布局，从政务服务到文化、金融保险到零售、医疗保健到教育，各行各业都在利用新的技术手段来提供新的虚拟服务，让数据多跑腿、群众少跑路，通过创建优化新的数字服务流程来改善用户体验。高品质生活和精准生产调度对气象服务需求更加个性、多样和专业，气象服务数据处理更加海量和庞杂，服务产品更加分众和精细。传统的人工服务、人海战术已经不能适应信息化发展趋势和精细化服务需要，向自动化、数字化、智能化服务转型升级成为必然趋势。要进一步梳理气象服务业务流程，基于气象观测预报基础数据产品，充分应用信息化新技术，建设产品自动制作、服务按需提供、智能在线互动、效益定量评估的现代化气象服务综合业务平台。

（三）公共气象服务均等化对社会协同传播提出高要求

公共服务普及普惠是共同富裕的基本维度与判断标准之一。公共气象服务是各级气象部门的主体责任，要切实履行好在实现公共气象服务均等化过程中的主导作用。但如果仅靠气象部门作为单一服务主体，会严重制约公共气象服务的及时性、有效性、覆盖率和满意度。要以人民群众对美好生活的向往为导向，在持续提升气象部门公共服务能力的基础上，鼓励、支持和引导报纸、广播、电视、短信等传统媒体和互联网新媒体对公共气象服务信息的传播扩散，积极对接城市和农村各种显示屏、大喇叭等信息发布设施，融入网格化精准治理体系，构建气象部门权威发布、社会各方协同传播的公共气象服务联动模式，全面提高气象服务的实用性、便利性和覆盖度。促进公共气象服务普惠共享，确保城乡、山区、海岛、边远地区和特殊群体至少有一种手段获取气象信息，有效解决气象服务信息传递"最后一公里"乃至"最后一米"难题。

（四）综合防灾减灾对预警信息精准发布能力提出高要求

及时有效发布预警信息是发挥气象防灾减灾第一道防线作用的关键一环。我国已经建成突发事件预警信息发布系统，实现预警信息分级、分区域、分受众的精准发布，预警信息传播时效由30分钟缩短到5~8分钟，预警信息公众覆盖率达到96.9%。在全球气候变暖的背景下，气象灾害的多发性、突发性、极端性日益突出，气象灾害预警信息发布需要更加快速和精准。对照防灾减灾"早、准、快、广、实"的要求，预警信息发布覆盖面还不够，预警信息到村到户到人尚未完全实现，靶向预警信息发布能力仍未完全建立，预警信息制作和发布流程有待完善。要充分利用 5G、云计算等技术，进一步加强基于"云＋端"结构的集约化预警信息发布系统建设，提升预警信息快速和靶向发布能力，实现预警信息发布的广覆盖。

二、强化气象精细服务能力的思路

对标服务精细要求，转变气象服务发展理念，坚持需求导向和效益导向，突出数字化和智能化转型，推动气象服务动力变革、质量变革、效益变革，全面提升气象精细服务能力，为建成智慧精细、开放融合、普惠共享的气象服务体系打下坚实基础，全方位有力有效保障生命安全、生产发展、生活富裕和生态良好。

优化全链条气象服务业务流程，建设贯穿后台、中台、前台全业务流的气象服务业务系统，实现气象服务大数据分析研判、产品自动化制作和智能化分发。梳理和完善气象服务场景，分类构建从需求分析到产品应用的完整服务模型，研发气象服务算法集，优化各类指标和阈值，实现由单一化、普适型服务向个性化、定制式服务转变。加快数字化智能化转型，充分应用网格化观测预报业务产品，构建"网格实况／智能预报＋气象服务"业务体系，大力发展网格化数字气象服务产品，将气象服务作为生产要素融入用户决策指挥、生产生活全过程。提升"中国天气"等气象信息发布能力和品牌建设，强化与社会公共媒体的信息传播合作，实现气象信息的广覆盖、快速传播和全社会高效应用。

三、加强气象精细服务能力的主要任务

夯实统一规范的气象服务基础。研究构建气象服务大数据、智能化产品制作和融媒体发布平台，发展智能研判、精准推送的智慧气象服务。依托气象大数据云平台"天擎"，打造标准统一、质量可信、高效利用的气象服务数据资源体系。加强气象服务相关行业和社会数据的共享、归集和整理，建设标准规范的气象服务用户数据集，打造统一应用的气象服务大数据环境。强化精细化观测、预报产品的应用，构建"网格实况／智能预报＋气象服务"业务体系，形成数字化的气象服务产品体系。建设国省互联互通、省市县一体化的气象服务综合分析业务平台，构建场景化的气象影响阈值指标和预报模型，建立标准通用的数字化接口，实现数据自动分析、算法自动调用、影响自动判定、产品自动生成，形成气象影响预报"一张图"。建立服务产品库，实现气象服务产品的集中规范存储和共享应用。建立服务定制环境，实现用户对气象服务的自由定制。强化气象服务平台与用户的双向互动和反馈功能，实现需求快速响应和服务精准推送。

发展智慧精细的气象服务技术。推进气象服务数字化、智能化转型，发展基于场景和影响的气象服务技术。利用网格实况、卫星遥感和智能预报，结合经济社会数据和服务需求，发展跨行

业、跨学科的交叉融合技术。应用大数据、人工智能等新技术，分类研发气象服务算法，制作精细化专业化气象服务产品。开展农业、交通、能源、旅游、物流等重点行业气象灾害的普查区划，制定行业生产、运营等不同环节气象服务参数和阈值，建立分地域、分时段、分灾种、分行业的风险评估模型和指标阈值体系，支撑气象灾害风险预报预警业务。发展基于影响的决策支持服务技术，提高决策用户应对极端天气气候事件的能力。强化三维成像技术在气象服务产品展示中的应用，依托数字化气象服务产品，提供虚拟三维动态展示服务和仿真模拟，优化升级用户体验。研发面向任意位置的预报预警产品生成技术和服务信息靶向推送技术，推进气象服务信息靶向推送与社交平台、移动互联等渠道的对接，实现精细化实况和预报的快速提醒、预警信息的靶向发布与传播。

建立实时互动的气象服务需求分析系统。打造认识用户——分析用户——服务用户的气象服务新模式，发展以大数据分析与用户画像技术为核心的气象服务需求智能感知技术，开展用户行为自动感知、基于位置和场景、精准推送的气象服务。构建气象服务用户行为的分析模型，建立用户信息识别管理系统，动态分析用户对气象服务需求。建立基于标签、协同过滤、关联规则的个性化信息推荐技术算法，研发气象服务产品智能制作和按需推送服务技术，实现用户特定场景的气象服务解决方案和快速定制响应。通过用户反馈的实景信息，强化服务场景解析与应用，探索发展基于场景的气象服务。围绕行业用户对服务产品、服务渠道、服务方式、应用场景的需求，建立以用户决策、调度、指挥为中心的服务系统或应用接口，为重点行业用户提供专业化、按需定制的行业气象服务。

建设自动化、智能化的气象服务产品制作系统。基于用户需求分析、气象服务模型算法和气象服务综合分析业务平台，提升气象服务产品的自动加工制作能力，形成图形、图像、智能语音等多维服务产品。提升服务产品的智能化生产能力，实现个性化、定制化气象服务产品的智能快速生成。增强气象服务网络机器人等智能终端自动应答和实时在线服务，形成基于位置和场景的智能化气象服务能力。建设智慧化决策气象业务产品制作及发布系统，基于天气、气候和社会经济数据等融合分析，建立典型天气过程服务模型和气候极端事件服务模型，构建决策服务专题数据库，具备决策服务材料自动生成、决策服务智能辅助、风险评估产品分析应用、场景化专题服务、自动分发推送等功能，形成基于不同突发事件的气象灾害综合分析研判"一张图"服务。升级决策气象服务信息共享平台，实现国、省、市、县四级的共享。建立健全农业、生态、交通、能源、海洋等专业气象服务系统和大城市气象保障服务平台。

构建全媒体、广覆盖的气象服务信息传播体系。建设高清或超高清 4K+5G 天气预报节目制播平台，开发高精度气象图形产品，提供虚拟三维动态展示服务和仿真模拟，丰富天气预报节目供给。推进国省两级融媒体平台建设，实现公众气象服务和科普节目产品的自动制作和生成。升级改造网络气象服务系统、气象服务 APP、12121 热线电话气象服务平台。推进城乡、区域公共气象服务均等化，建设气象服务融媒体传播平台，提升"中国天气"等品牌影响力，构建以网站、广播、电视、微信、微博、手机 APP 等为载体的气象服务全媒体矩阵，向社会逐 10 分钟提供天气实况监测信息，逐小时提供气象预报信息。建立健全与有关部门和社会媒体合作机制，推动将公共气象服务产品有机植入主要媒体、主流资讯、生活服务平台、政务服务，提高城乡公共气象服务覆盖面。

建设精准高效的预警信息发布平台。建设新一代国家突发事件预警信息发布系统，完善预警信息发布流程和规范，重点发展面向特定区域、重点用户的精准靶向预警发布业务。升级改造省、市、县一体化预警信息发布平台，实现"云＋端"预警信息制作、发布、传播、监控、管理等功能，实现预警信息一键式发布。建设预警信息服务多媒体产品智能加工系统，实现预警信息服务产品智能加工、预警信息智能播报和可视化等功能。建设预警信息精准靶向发布与对接系统，实现与广电部门的应急广播系统、新一代直播卫星和工信部门的通信大数据平台、5G 消息、北斗卫星等渠道的对接应用。升级改造预警信息短信发布平台，实现与融媒体预警信息传播、应急责任人信息管理和灾情报送等对接功能。健全预警信息发布和社会传播标准规范体系，通过"气象部门发、其他部门转、社会媒体播"三方共同发力，提高预警信息发布的覆盖面。

提升气象服务效益评估能力。开展气象服务效益评估分析技术研究，分类构建气象服务效益调查和评估模型，建设气象服务效益评估系统，跟踪服务过程，评估服务效果。完善公众气象服务评价指标体系，改进行业气象服务效益评估技术方法，研究适用于特殊需求的气象服务效益评价的计算方法。研究建立气象防灾减灾综合效益评价的技术方法，发展气象灾害风险预报预警效益评估技术，构建气象灾害风险预报预警效益评估模型。动态评估气象服务在不同用户中产生的效益，为气象服务供给优化和质量提升提供依据。

构建协同开放的气象服务生态。坚持系统观念，强化观测预报现代化成果在气象服务中的集成应用，建立服务端对观测和预报产品质量的检验评估和反馈机制，形成观测、预报、服务相互支撑、相互促进的业务闭环。坚持开放融合，强化气象与相关行业系统的有机互融，构建气象服务"朋友圈"，实现气象服务与相关行业的正向互动、共生发展。积极融入数字政府建设，发展插件式、基于影响的数字气象服务。对接高影响行业微观运营需求，将气象服务有机融入企业生产管理全过程，提升服务效能。建立气象部门与各类服务主体互动机制，探索打造面向全社会的气象服务支撑平台和众创平台，凝聚多方"智"力，激发各类创新主体活力。发挥市场机制的重要作用，稳步推动气象服务供给主体多元化。培育和支持社会气象服务企业发展，增加优质气象服务产品供给，促进气象信息全领域高效应用。

加强气象服务能力建设实施管理。贯彻落实第七次全国气象服务工作会议和《"十四五"公共气象服务发展规划》相关任务部署，依托"十四五"气象灾害预报预警能力提升、生态气象保障和气候变化监测评估、人工影响天气等工程项目，加快气象服务能力建设。适应经济社会发展实际，完善气象服务相关法律法规和制度，健全气象服务标准体系。加强气象服务科技创新和人才队伍建设，为气象服务高质量发展增添后劲。推进气象服务供给侧结构性改革，探索建立公共气象服务清单制度，完善气象服务运行保障长效机制。健全气象服务监管机制，加强社会气象服务质量评价和信用管理，引导社会企业规范传播气象预报预警信息。

迭代发展信息支撑系统
推进现代气象转型升级

曾　沁

随着数字经济、数字社会和数字政府的蓬勃发展，以物联网、5G 网络、人工智能和大数据中心为代表的数字"新基建"，成为畅通国内大循环和国际国内双循环的关键，为经济社会高质量发展持续注入动能。《气象高质量发展纲要（2022—2035 年）》（以下简称《纲要》）提出，要加快推进气象信息化，加快打造气象信息支撑系统，加强新一代信息技术在气象领域的深度融合应用，构建数字孪生大气，提升大气仿真模拟和分析能力，加强数据与业务系统安全管理，建立气象高价值数据应用机制。气象信息化的高质量发展，将为气象业务技术体制改革与构建气象新业态提供动力支持、质量保障、效益保证和安全后盾。

一、充分认识气象信息化正在发挥着推动气象业务转型发展、提质增效的基础支撑作用

党的十八大以来，气象部门着力提升气象信息支撑能力，推动业务系统和支撑环境向集约化发展。

能力显著提升。建成浮点运算峰值达 9800 万亿次 / 秒气象超级

曾沁，中国气象局国际合作司司长。

计算机。气象专网提速 10 倍，国省级接入带宽达到 400~800 Mbps，各类气象数据汇聚时效从分钟级提升到秒级。整合档案数字化和全球多来源观测，全球高空、海表温度、降水等数据增幅 83%~460%。建成了陆面、海洋、三维大气等多源数据融合分析和系列产品，分辨率和精度达到国际同类先进水平。建立了我国第一代全球大气再分析业务，与国际主流全球大气再分析产品具有很好的可比性。

架构不断优化。建成全国综合气象信息共享系统，统一了国省数据环境，进一步升级建立了气象大数据云平台，为国省市县四级气象业务提供 7400 万次 / 日的调用和 87.5 TB/ 日的数据服务，海量气象数据应用效率显著提升。气象大数据云平台成为支撑全国气象业务的关键共性信息基础平台，促成业务技术体制向"云 + 端"架构转变，为气象业务发展提供集约高效、安全稳定的基础支撑服务。综合气象观测业务系统、气候监测预测系统 CIPAS 3.0、人影指挥系统等各业务领域的核心业务系统实现"云化"，建成"一级部署、四级应用"的气象管理信息系统，中国气象局一体化政务服务平台实现"一网通办""部省协办"。

气象信息化在发展道路上坚定前行、成果丰硕，信息系统从独立、分散建设逐步向集约统筹全面支撑气象业务建设方向迈进，"云 + 端"业务新格局与气象大数据体系初步形成，信息化建设驱动气象现代化升级、助推气象高质量发展支撑作用显著提升。

二、深刻理解新时代气象信息化发展的极端重要性、复杂性和存在的安全风险

要清醒认识我国信息化发展外部环境和内部条件正在发生复杂而深刻的变化。当前，新一代信息技术加速迭代升级和融合应用，数字化转型势能和数据治理能力正在成为新一轮国际竞争焦点。我国已转向高质量发展阶段，以技术创新、制度创新双轮驱动，推动社会经济发展的质量变革、效率变革、动力变革。国家"十四五"信息化发展规划、数字经济发展规划相继出台，把深化创新驱动、优化要素资源配置、支撑共建共治共享等作为主攻方向，将进一步升级数字基础设施，打破部门和行业数据壁垒，稳步推进数据要素化，构建信息技术产业生态体系。同时，世界动荡变革，我国信息技术产业链、供应链、创新链的安全性、稳定性受到严峻挑战。气象预报业务对国外资料依赖程度依然居高不下，气象业务核心技术受制于人仍是气象高质量发展最大软肋。立足新发展阶段，如何通过推进气象信息支撑系统建设，促进新兴信息技术与气象业务服务、政务、科研等深度融合，发掘全球气象数据要素的业务价值和管理效益，推动形成新的生产力，推动业务流程优化和组织变革，仍是摆在我们面前的一个重大课题。

要清醒认识全球气象行业信息化已经向大数据智能时代加速演进。信息化发展迈入以数字化为基础，以集约、治理和效能为主要特征的高质量发展时代。以机器学习为代表的人工智能应

用技术在数值模式、多源数据融合、天气识别、短临预警、预报预测和气象信息服务等领域得到广泛应用。世界气象组织提出以"地球系统方法"重构全球气象业务、服务、科研与组织架构。美国国家海洋大气管理局提出云计算、大数据和人工智能（AI）应用三大战略，启动了从基础设施到数字应用的全方位行动。欧洲中期天气预报中心制定了"机器学习10年路线图"，从资料预处理、模式同化、物理过程优化到模式输出后处理的"全工作流"全面引入了AI技术，启动了超算由传统CPU架构向异构超算发展的适应研究，并超前布局了量子计算应用研究。英国气象局提出在未来十年打造地球系统"数据湖"，面向场景和应用优化数据治理，确保在数字化时代保持竞争力。欧盟提出了构建气象基础设施（EMI）、发展"数字孪生地球"的目标，以监测、预测和评估地球系统各圈层的相互作用及对人类可持续发展的影响。

要清醒认识我国气象信息化支撑气象业务发展的能力仍然存在短板。国省数据重复存储、重复计算的格局没有改变，区域信息共享、信息实时一致性问题依然存在。气象业务软件发展缺乏统筹和顶层设计，气象信息化的协同效益未得到充分发挥。地球系统多圈层数据不够丰富，刻画地球—大气系统多圈层相互作用的数据基础不充分。挖掘分析能力不够，大量地球系统监测产品还不能完全自主研制，气象服务"生命安全、生产发展、生活富裕、生态良好"的数字产品基础不扎实。海量数据缺乏科学管理，数据标准缺乏系统性、数据质量参差不齐、数据生命周期各环节孤岛化，气象大数据应用的聚集效应、倍增效益难以发挥。基础设施缺乏持续投入，我国气象超算能力发展落后于国外主要发达国家的气象机构，数值预报等核心业务发展受到制约。气象信息网络传输能力地区发展不平衡。信息网络安全防护能力需进一步提升，气象信息技术自主可控和信息流的监管水平还不高，存在数据流失和网络安全风险。

气象信息基础设施是气象事业的重要基石，是现代气象业务的中枢。气象信息化是驱动传统气象业务向智能化、数字化新业态转型发展，实现高质量发展必由之路。气象信息化建设，要顺应新发展阶段形势变化、全面把握新需求、抢抓信息革命机遇、培育发展动能、激发创新活力，坚持问题导向、效果导向、目标导向，推动气象业务全面提档升级，全力支撑气象强国建设。

三、准确把握气象信息化的发展方向、趋势走向

站在新的历史起跑线上，我们要准确把握当前以及未来气象发展新形势，深刻领会"高质量发展"的内涵，坚持系统观点，统筹发展与安全，科学谋划设计气象信息化发展，落实"集约统筹、迭代有序、规范治理、安全可控"的要求，实现数据、技术和知识的持续沉淀，**为现代气象业务高质量发展重塑业务"形态"，积累数字"势能"，注入发展"动能"，提升气象业务的整体性、系统性、协同性**。

在业务布局方面，信息业务整体进一步强化全国统筹布局，从现有"国省联通"的两级架构向"国省协同"的一级云架构演

变，推动云平台由国省两级部署向一级多中心部署演进，统筹布局"主中心—备份中心—超算中心"，支撑国家、省、地、县四级应用。气象数据开放共享与气象信息服务积极向数字政府、全国一体化大数据中心节点布局，建立面向公众、政府、行业和全球的服务快车道。

在数据资源方面，地球系统大数据资源体系更加丰富完备，大数据标准体系以及面向安全、质量和应用等领域的分级分类体系更加规范成熟；气象数据与行业数据、社会化数据、多圈层数据实现深度融合，更加全面、精细、真实地刻画地球系统；气象数据与业务、政务、财务、人员信息、监控运行等底层基础数据全面打通、深度关联，气象部门的业务与政务管理信息化迈入"数字治理"新阶段；数据获取、存储、汇交、使用监管制度更加健全规范，更有效地保护数据产品知识产权。

在基础设施方面，超级计算、云计算和智能计算逐步实现融合发展，气象算力峰值能力通过迭代升级将迈入 E 级，实现高效能算力利用；国家级高速骨干环网带宽达 100 Gbps，省级至国家级中心达 5 Gbps 以上；互联网、电子政务网等国家网络资源在气象业务中得到深度应用；互联网全球服务和卫星数据广播能力倍增，中国区域不再有盲区，全球基本覆盖；为气象业务数字化升级提供强大、可控的"计算＋连接"基础设施。

在系统平台方面，持续升级气象大数据云平台，向网络化、智能化方向发展，向数据中台、业务中台等共享服务架构延伸，逐步建成地球系统大数据云平台，成为业务和科研的创新引擎，使数据、算力和算法成为气象基础公共服务，与交通、水电等基础设施一样，无处不在；构建与真实大气准实时同步的"数字"大气，大气仿真模拟和分析能力达到同期国际先进水平。

在业务软件方面，形成以大数据云平台为统一"大平台"，以组件构建起支撑核心业务的"大系统"，发展适应不同业务领域、不同业务层级用户需求的轻量型"多应用"的气象业务软件生态，通过有序的迭代发展，持续凝练和沉淀组件和开发框架，保护核心关键技术的知识产权，形成气象业务软件核心竞争力。

在业务协同方面，各领域业务系统基于大数据云平台，在统一的软件架构下实现集约整合和"云化"服务，建立彼此的天然联系，形成"云＋端"业务形态，发展出平台化、组件式、框架型的软件开发生态；通过一个平台、一体数据、一证用户、一套标准、一致服务，打通业务壁垒，畅通业务流程，衔接业务领域，更好地支持国省和省际之间的上下游、左右岸业务协同。

在数据服务方面，推进地球系统大数据、政务服务数据的信息开放和共建共享，与国家跨部门、跨区域的数据中心建设布局对接，充分利用地方数据中心建设、数据共享政策，深入挖掘气象数据跨界融合应用潜力，构建遵循开放数据标准，融入生产环节可以要素化，具有潜在社会、经济效益的高价值气象数据产品，服务数字经济、社会经济发展。

在安全防护方面，构建"网络安全、数据安全、业务安全"为一体的整体防御、智能防控的网络空间安全体系；实现气象大数据"采集、传输、处理、交换、接口、销毁"全生命周期安全监管；坚持重大核心技术自主可控的发展理念，发展安全可控的信息技术体系和自主研发的基础数据产品体系，形成主动防范化解气象业务风险的能力。

四、切实落实《纲要》部署、全力推进气象信息化

全力打造气象信息支撑系统，筑牢气象业务的信息基础支柱，强化精密监测、精准预报和精细服务的"数智化"支撑，是我们在新阶段气象事业高质量发展中要坚决担起的历史使命。我们要全面把握业务新需求、技术新趋势，聚焦"数据、算力、算法"，重点提升多源数据发现获取分析能力、持续升级数据平台支撑能力、迭代发展气象超级计算机系统、健全完善数据治理能力、强化网络安全和数据安全保障，以信息化驱动现代化，打造气象数字化转型新引擎，实现观测、预报、服务、信息等各业务链条协同、高效，推进气象业务高质量发展迈上新台阶。

强化跨部门、跨地区多源数据发现获取。完善部门间共享交换机制，加强海洋水文、生态环境、交通、农林等行业数据的共建共享。建立社会化气象观测数据汇交统一标准与互联网入口，支持企业、社会组织和个人的志愿汇交。发挥 WMO-GISC 等国际机构相关职能，加强对全球开放数据源的动态发现、自动获取以及历史数据的系统化收集。加强国外卫星数据直接接收和自主处理。多渠道收集地球系统多圈层、多要素、长序列、动态延续的基础数据，建设"从岩石到外太空"的多圈层气候数据集。利用多种数据通信技术和传输协议，基本实现部门内综合气象观测

网的观测数据实时不落地直传至气象云。推进数字气象档案馆建设，做好国家和省级存档的自记纸、农业气象报表、科考档案以及新中国成立前珍贵档案的拯救和数据提取，支持百年数据序列建设。

研制高质量、高价值的基础数据产品。强化观测数据源头质量控制和观测元数据合规性检查，确保观测系统产出高质量数据。建立气象数据质量指标体系，形成实时数据质量监视和用户反馈机制。加强数据质量监视评估与观测系统的互动，强化设备预防性维护，改进设备质控方法。加强遥感遥测反演数据产品收集和研制。聚焦高影响天气监测预警、气候监测预测需求，加强天气气候研究专题数据集、科学试验综合数据集和人工智能应用数据集研制。面向生态文明建设、"双碳"、气候变化应对、粮食安全保障等国家重大战略需求研制专题数据集。研制支撑精细服务的自然灾害综合风险普查数据集、服务新能源气象数据集、飞行安全气象条件分析数据集等行业应用数据集。建立数据产品成熟度和版本迭代管理。

打造网络化、智能化地球系统大数据平台。在统一时空坐标下统一管理地球系统全量数据，支持跨地域、跨层级、跨部门信息共享和网络协同，实现气象专有云和公共云的统一标准化管理。建立时空多维数据存储模型和气象空间分析库，支持应用对多元数据的在线计算分析，全方位支持机器学习等人工智能应用。建立和提供数据及算法组件，以及消息、缓存等中间件服务，建设全业务产品统一加工系统，形成全局集约高效的加工流程。实现算法对计算、存储、数据资源的授权直接访问和安全审计。建立安全可靠、高并发、低延时的数据统一服务接口，实现一点申请、全网支持。推进畅通与数字政府交换共享渠道，嵌入全国一体化大数据中心"数网"体系，直通服务地方发展。

发展统一架构、协同互动的气象软件生态。按照"云＋端"的新型气象业务技术体制建设要求，气象业务软件发展实现"设施统筹、平台统一、数据统管、系统集成、应用多样"，采用"大平台、大系统、多应用"的总体架构推进业务系统的集约发展。即以大数据云平台为统一"大平台"，通过组件构建起支撑核心业务的"大系统"，以及适应多元化业务需求的"多应用"，不断凝练和沉淀组件和开发框架。建立核心业务系统认定制度和清单管理，推进迭代建设。通过大平台的调度，大系统及多应用之间实现高效的协同互动。通过组件式开发，提升气象业务软件的开发效率，促进气象业务软件的有序迭代。建立基于元数据的数字服务注册制，数据、算法、组件、开发框架和工具软件等在气象大数据云平台实现注册管理，通过应用流量计量，体现开发者贡献；建立中国气象局代码统一托管平台，推动开放共享，保护软件知识产权。

适度超前、迭代升级气象超级计算机系统。开展超级计算能力规划和建设，建立迭代投入机制。推进建成新一代国家级超级计算机系统，形成北京与京外气象超级计算业务布局，提升峰值运算能力。开展异构计算技术研究应用，推动模式在异构系统的适应性与移植优化研究。推进支撑基于异构众核计算构架设计下一代天气气候一体化数值模式的研发，开展人工智能与超级计算融合应用。构建数值预报中试平台。通过地面高速网络为用户提供超级计算资源、数值模式产品服务。组织建设集约化数据管理系统，加强超级计算资源利用监控管理，建立超算资源精细调度能力，支持算法持续优化，实现低功耗、高产出的高效能先进计算。

构建模拟仿真、复盘推演为一体的"数字孪生大气"。持续优化"全球—区域—局地"多维实况分析系统，丰富天气现象、生活气象等人民群众感受明显的实况产品，精准度和分辨率持续提升，成为检验、评估和服务的"真值"。建立高频、高分、长序列分析数据产品，推进优化完善陆面数据同化业务系统，强化风云卫星、雷达等数据同化应用，自主研发全球大气和陆面再分析业务系统，研制中国区域大气化学—天气耦合再分析产品。基于地球系统大数据云平台，在软件框架发展的基础上，综合应用人工智能、数值模式等算法模型和多维可视化技术，构建与真实大气同步、可交互干预的"数字孪生大气"，探索天气气候事件复盘、天气气候机理研究、灾害影响评估等场景应用，逐步实现部门内外开放，支持"开放数据资源"向"开放科学能力"提档。

建设固移融合、高速泛在的空天地一体化网络。建设国家级高速骨干环网，升级国家级局域网，强化气象数据产品传输能力。推进算网融合和数网融合技术应用，实现动态组网和网络资源动态调度。推进增强气象资料收集、传输能力，加大电子政务外网、互联网和卫星通信网在气象部门的综合利用，推进北斗卫星、卫星互联网等无线通信终端在气象行业应用，融入国家天地一体化信息网络体系，持续提升"一带一路"区域广播，形成"云＋星"全球通信服务体系。

推进统一出口、规范有序的数据开放共享。加强气象数据的统一归口管理，明确气象数据治理的组织架构。建立气象数据资源管理制度，明确数据权属界定、开放共享、交易流通等标准和措施，实现基于数字对象唯一标识（MOID）的气象数据产权管理，推动气象数据有序流动和合法依规使用，实现数据服务"可发现、可访问、可互操作、可重用"。建立气象数据共享服务效益评估模型和指标体系，从成本效益、利益攸关方、科学影响力、公共服务增量等角度评价气象大数据开放的社会与经济价值。完善气象大数据政策框架，完善气象数据开放共享的清单管理制度、安全评估流程、数据许可等，推进国省统一部署建立气象数据服务监管平台，实现数据来源回溯、数据确权、流通追溯。建立数据用户信用评价、监督和惩戒机制。

推进气象政务管理数字化、智能化升级。实施"上云用数赋智"行动，完善管理数据标准体系，持续丰富管理大数据资源，建立健全数据实时汇聚流程和更新机制，构建面向综合管理和科学决策的管理大数据智慧应用，实现数据在线和决策在线。夯实气象政务管理平台集成服务支撑能力，持续深化行政办公、综合管理、专业管理和决策分析等应用整合和数字化、在线化建设，建立云、网、端协同办理机制。加强国家基础公共政务信息应用，深化"互联网＋政务服务"应用，深入推进"一网通办""一网统管""一网协同"等业务创新实践，推动数据赋能决策、服务、执行、监督履职，提高政府决策科学化水平和管理服务效能，全面保障政府数字化改革在气象部门的纵深推进。

强化信息网络、数据资源和应用系统安全保障。落实国家网络安全、数据安全相关法律、法规要求。完善全国气象网络空间安全顶层设计，建立健全整体防控的安全防护体系。构建网络安全基础信息库和资产信息库。落实应用系统网络安全等级保护要求，加强关键信息基础设施保护。加强气象网络、业务、数据备份能力建设。建立气象业务和管理数据安全分级和数据产权分类的管理制度。实施气象大数据全生命周期安全监管。实施用户统一认证和数据安全使用的权限管理，针对不同产权分类加强用户权限和数据流通监管。推进建立敏感气象数据传输加密机制，保安全防泄漏。建立数据存储介质安全管理制度。强化终端数据安全。严格数据存储系统的账号权限管理、访问控制、数据迁移等管理制度。健全数据出境安全管理制度，确保数据出境安全。建立发生数据安全事件后的应急处置制度。

坚持人民至上、生命至上 努力筑牢气象防灾减灾第一道防线

王亚伟

发挥气象防灾减灾第一道防线作用，是习近平总书记立足党和国家工作全局对气象部门提出的明确要求，凸显了气象防灾减灾在气象工作和国家综合防灾减灾救灾工作中的功能和定位，也寄托着党中央对气象工作的殷切期望。《气象高质量发展纲要（2022—2035 年）》（以下简称《纲要》）的出台是贯彻落实习近平总书记关于防灾减灾和气象工作重要指示精神的重大举措，我们要进一步提高认识，坚持人民至上、生命至上，努力筑牢气象防灾减灾第一道防线。

一、充分认识发挥气象防灾减灾第一道防线作用的重要性

在新中国气象事业 70 周年之际，习近平总书记对气象工作作出重要指示，明确要求"发挥气象防灾减灾第一道防线作用"，为新时代气象事业发展提供了根本遵循、指明了战略重点。气象防灾减灾关系经济社会发展，关系生命安全，关系百姓民生，是综合防灾减灾的基础和前哨。

王亚伟，中国气象局应急减灾与公共服务司副司长。

一是极端天气气候事件不断增多，气象防灾减灾需求加大。在全球气候变暖的背景下，极端灾害性天气广发、频发、重发、并发。我国极端天气气候事件也同样具有极端性强、发生频率高、影响范围广等特点，暴雨洪涝、干旱、强对流、高温、沙尘等极端天气气候事件多发重发。我国极端高温事件自 20 世纪 90 年代中期以来明显增多；极端强降水事件呈增多趋势，极端日降水量事件的发生频次呈增加趋势。根据国家气候中心分析，20 世纪 90 年代初以来中国气候风险指数明显增高，1991—2019 年气候风险指数平均值较 1961—1990 年增加了 56%。这表明，发挥气象防灾减灾第一道防线作用，最大限度减轻气象灾害带来的不利影响和损失，在气候变化背景下具有十分重要的意义。

二是气象灾害关联性不断增强，防灾减灾工作链条加长。随着经济社会的发展，我国各行各业对气象灾害的敏感程度不断加大，气象灾害的"灾害链"特征明显，突发暴雨诱发山洪泥石流灾害，高温少雨引发森林火灾，异常气候条件引发农业灾害，恶劣气象条件引发交通和航空事故、大气环境污染。据国家气候中心统计，1991—2020 年全球 86% 的重大自然灾害、59% 的因灾死亡、84% 的经济损失和 91% 的保险损失是由气象灾害及其衍生灾害引起。同时，气象防灾减灾不断融入生产生活的各个方面，重大活动保障、重大工程建设、重大突发事件救援、重大灾害恢复重建等方面，都需要气象部门提供准确及时的气象信息，确保各项工作得以顺利开展。近几年，气象部门联合相关部门建立健全气象灾害预警服务部际联络员制度，强化基层气象部门重大气象灾害直通式报告制度和"叫应"制度，为各级党委政府和相关部门防灾减灾救灾科学决策提供了优质服务，发挥了重要作用。

三是监测预报预警能力不断提升，气象防灾减灾效益逐步凸显。监测预报预警是气象防灾减灾乃至综合防灾减灾的前哨，起着至关重要的作用。要真正落实防灾减灾，就务必先要有准备，所有的灾前防御必须基于确定的监测预报预警信息，这就表明气象灾害的监测、预报、预警以及其他灾害的气象风险预警，对于灾害的防御起到了关键的先导作用。近年来，我国气象监测预报预警能力不断提升，目前全国乡镇自动气象站覆盖率达到99.6%，236部天气雷达投入业务运行，120个高空气象观测站实现秒级数据探测，7颗风云气象卫星在轨稳定运行，"十三五"末全国暴雨预警准确率达到89%，强对流预警时间提前至38分钟，台风路径预报24小时误差小于65公里，预警信息5~8分钟内发布到受影响地区应急责任人、5分钟内覆盖到应急联动部门、10分钟内有效覆盖社会媒体，预警信息公众覆盖率达到96.9%。气象监测预报预警能力的不断提升，为防灾减灾工作打下坚实基础。经过多年努力，气象灾害造成的经济损失占GDP的比例从20世纪90年代的3.4%下降到2021年的0.29%。全国因气象灾害造成的死亡失踪人数由"十二五"时期年均1300人下降到800人以下。

二、气象防灾减灾工作面临的机遇挑战

目前，气象防灾减灾救灾能力与体系建设仍然存在一些不相

适应的问题，主要表现在以下方面。

一是气象监测预报预警能力与对极端天气防御的需求不相适应。气象灾害，特别是针对极端天气的重大和新型探测装备建设亟待加强，气象灾害观测覆盖范围、灾害观测产品应用程度等还有待提高；突发性、局地性、极端性天气的预报预测能力亟须提高，数值天气预报、气候系统模式等"卡脖子"关键核心技术较国际先进水平还存在较大差距，气象预报预测精准性和及时性还不能满足业务全球化、无缝隙、智能化的新要求，预警信息发布"最后一公里"问题依然存在。对中小尺度气象灾害的孕育、发展、影响规律和机理的认识不足，灾害监测预报的准确性、灾害预警的时效性、减灾服务的主动性、防范应对的科学性不高，气象灾害风险防范能力不强，仍然是气象防灾减灾救灾的主要瓶颈。

二是气象灾害风险业务能力与减轻灾害风险的要求不相适应。灾害风险防范源头不明，灾害风险防范数据基础不牢，数据共享仍存壁垒，基础数据碎片化、单一化严重，缺乏全链条、多领域、规范化的综合风险数据，大数据的综合处理和挖掘应用能力薄弱。灾害风险防范科技支撑不足，对关键科学问题及致灾机理认识欠缺，尤其是灾害链的叠加影响，承灾体的暴露度和脆弱性研究有待深入，缺少系统的气象灾害风险评估理论，灾害风险评估预警模型等核心技术仍不成熟。灾害风险防范业务能力不强，基于影响与风险的预报预警和快速评估业务能力及风险防范体系不完善，气象灾害风险预警的准确率、针对性、服务的有效性亟待提高。

三是气象防灾减灾机制建设与综合灾害防治体系的要求不相适应。面对党和国家机构改革、新的应急管理体制的要求，仍存在一定程度的思想观念束缚、职责边界不清晰等问题。基于影响的气象防灾减灾决策服务的前瞻性还需加强。当前，各类灾害信息共享和防灾减灾资源统筹不足，气象工作融入应急管理体系，真正发挥部门联动作用仍显不足；气象灾害综合防范应对的社会管理尚未充分发挥，协同防灾减灾救灾的格局尚未充分形成，特别是行业分割、城乡分割、区域分割、地方分割、灾种分割的体制性缺陷仍是制约气象防灾减灾救灾取得成效的最大因素。

四是人工影响天气工作能力与经济社会发展需求不相适应。服务乡村振兴战略精细化水平和保障范围还难以满足新需要，服务生态文明建设人工增雨挖潜研究和作业布局有待进一步加强。人工影响天气探测能力、作业能力和指挥能力有待提升。人工影响天气安全水平亟待进一步提升，政府主导的安全管理工作机制有待完善，人工影响天气高安全性弹药装备普及率和地面高炮火箭自动化改造率有待提升。人工影响天气科技能力亟待向更高水平突破，我国人工影响天气在作业科技能力上与先进国家相比尚存在不小差距，迫切需要从规模发展向创新驱动的高质量发展转型。

三、深入落实《纲要》部署要求，努力筑牢气象防灾减灾第一道防线

为解决气象防灾减灾救灾能力与体系建设仍然存在不相适

应的问题，我们应准确把握和理解气象防灾减灾第一道防线的要求，不断提高气象灾害监测预报预警能力和全社会气象灾害防御应对能力，提升人工影响天气能力，不断完善气象防灾减灾机制。

（一）提高气象灾害监测预报预警能力

加强气象灾害监测预报预警体系建设。基于观测与预报服务的交互反馈，初步实现指定区域、指定气象目标的动态跟踪和协同观测能力。雷达气象关键领域实现自主可控，雷达气象业务能力显著提升，灾害性天气短临监测预报预警服务能力明显提升。风云气象卫星观测能力整体达到世界先进水平、部分领先。建成具备支撑气象"全球监测、全球预报、全球服务"的地面应用系统，风云卫星服务"一带一路"建设等主要应用领域达到国际先进水平。建成国省两级遥感应用业务平台，卫星应用服务能力全面提升。持续深化西南涡、东北冷涡机理及影响研究，完善分钟级降水预报业务，提升西南地区复杂地形下强降水预报能力、东北冷涡背景下强对流天气预报预警能力。强化流域灾害性天气和面雨量预报能力、重点水库和中小河流洪水灾害气象风险预警能力。建立完善暴雨（雪）、强对流、台风、大风（龙卷风）等灾害性天气监测预报预警业务技术体系。

提高气象风险预报预警能力。强化气象灾害风险普查成果应用，构建中小河流洪水、山洪和地质灾害风险预警指标和模型，建立具体灾害隐患点的精细化、定量化气象灾害风险预警业务。完成省（区、市）中小河流、山洪和地质灾害气象风险预警业务平台升级改造。完善地质灾害预警响应机制，做好技术培训和科普宣传，探索完善工作保障机制，开展总结评估和结果校验等。提高卫星遥感火情动态监测时效和火险预报空间分辨率，建设全链条森林草原防灭火气象预报预警业务体系，研发旬、月、季尺度森林草原火险预报产品，实现火险预报短、中、长期无缝衔接。实现森林草原火场气象要素实况和预报空间降尺度，火灾强度、速度和空间走势实时预测。

完善国家突发事件预警信息发布系统。推动新一代突发事件预警信息发布平台全国部署，实现基于"云＋端"结构集约化建设的多级预警信息制作、发布、传播、监控、管理。提升全国预警信息大数据监控和分析能力；强化突发事件预警信息智慧服务能力；提升预警信息互联网共享服务能力，面向应急责任人、行业、公众、社区、区域提供预警信息共享服务、国省预警信息服务产品共享服务。提高预警信息适配多种终端的多形态产品智能加工能力；提升高级别气象灾害预警信息短信和智能机器人快速发布和叫应能力。

建设气象灾害风险评估和决策信息支持系统，建立气象灾害鉴定评估制度。建立气象灾害综合风险预估业务体系，针对台风、暴雨、高温、寒潮等气象灾害，形成分灾种、分区域、分行业、分领域的精细化风险预估和影响预报能力。基于人口、交通等实时数据，建立三维动态化风险预估系统。建立历史灾害事件库，编制出版气象灾害风险图集；建立和完善国省两级气象灾害风险管理业务系统。建立集监测分析、影响预报、产品制作发布等功能于一体的智慧化决策气象服务支持系统；对标不同部委服务需求，研发"需求智能感知—热点自动发现—产品智能生成—风险智能研判—服务智能推荐—成效在线反馈"的智能化决策支持系统。组织开展气象灾害鉴定评估技术研究，逐渐形成业务规范及标准，实现对灾害事件多方面鉴定评估。

加强空间天气监测预警能力建设。调整和优化业务观测手段的布设，逐步形成地空天基手段互补、协同运行、交叉检验的一体化观测布局。增强地磁和宇宙线观测，建设纵穿南北、横贯东西的地磁监测链和适度的宇宙线观测链。以风云气象卫星为依托，进一步优化空间天气载荷配置，重点发展太阳活动监测、空间辐射环境监测、电离层成像、磁场和效应探测等能力。在其他应用卫星平台搭载空间天气载荷，推进太阳活动监测卫星建设。优化和完善空间天气分类精细化预报产品体系，优化经验预报、数值预报与人工订正相结合的空间天气预报业务系统。提升行星际、磁层、电离层等重点区域空间天气数值预报系统性能。加强空间天气灾害防御减缓研究。深化探究太阳活动影响气候变化的物理机制、极端空间天气灾害事件，以及人类和自然系统的暴露度、脆弱性。

（二）提高全社会气象灾害防御应对能力

定期开展气象灾害综合风险普查和风险区划。加强完善全球气象灾害风险评估产品，基于全球模式输出产品，快速实现全球气象灾害风险的定量化评估。加强长时间序列普查数据的分析应用，摸清各类灾害性天气的致灾风险点、风险区域和致灾阈值，不断推进气象预报服务向基于灾害影响和风险预警的精细服务延伸。基于普查数据成果，优化气象灾害风险数据库建设、智能化气象灾害风险大数据分析应用平台，研发多尺度风险识别和定量化风险评估方法。深度开展普查大数据挖掘应用，建立分灾种、分地域、分影响的普查成果应用体系，实现普查成果在全领域、全系统的深度融合应用。推进气象灾害综合风险普查与区划工作，完成主要气象灾害综合风险普查和区划。

加强气象灾害防御规划编制和设施建设。 制定和实施国家气象灾害防御规划，各地结合当地气象灾害特点及经济发展需求，依法编制和实施气象灾害防御规划，明确任务、措施、工作机制和部门职责，优化、整合资源，统筹规划防范气象灾害的应急基础工程建设。指导全社会科学设定基础设施的气象灾害防御标准，推进韧性城市、韧性乡村建设。按照国家规定的防雷标准和设计、施工规范，在各类建筑物、设施和场所安装防雷装置，并加强定期检测。针对台风、风暴潮、沙尘暴等灾害强度增加、损失加重的实际情况，科学制定防风、防浪、防沙工程建设标准，切实提高气象灾害的综合防御能力。

统筹制定气象灾害预警发布规程，建立重大气象灾害预警信息快速发布"绿色通道"制度。 推动建立气象灾害预警信息发布业务规范化建设，推动气象预警信息发布纳入各级政府应急管理有关预案或管理办法。推动预警信息发布工作有效融入国家应急体系。完善国家预警信息发布和传播工作机制，建立健全法规标准体系，推动建立重大气象灾害预警信息快速发布"绿色通道"

制度。充分利用社会资源和 5G、小区广播等最新技术，大力推动与国家应急、工信、广电部门及头部互联网企业、大型传播媒体渠道的对接，以场景化为载体推动建立预警信息社会再传播机制。

实施"网格＋气象"行动，将气象防灾减灾纳入乡镇、街道等基层网格化管理。 结合实际，明晰网格气象事项，细化网格工作职责，健全网格管理机制，重构网格服务流程，实现基层网格职责和镇村气象职责的工作融合，推动气象信息员与社区网格员、灾害信息员、地质灾害群测群防员等共建共享共用，打造"网格＋气象"的基础工作格局。推进"网格＋气象"工作标准化、规范化，建立培训、指导、奖励和协同管理考核机制，落实经费用于网格员工作奖励。将网格员信息 100% 纳入气象灾害预警用户数据库，构筑基层预警接收、传播、处置、反馈工作闭环，实现预警单向传递向辐射模式转变。构建基层以气象灾害预警信号为先导的闭环管控机制，有效提升气象灾害防御水平和综治网格治理能力。

加强科普宣传教育和气象文化基地建设。 推动重大灾害性天气科普联动工作机制建设，逐步形成响应迅速、组织有力、布局合理、流程规范的气象防灾减灾科普业务体系。聚焦高风险区域、高影响行业和重点人群，增强气象科普教育的针对性和实效性。联动社会力量，推进各地气象科普展区、全国气象科普示范县和气象特色教育学校建设。发挥好科研院所、实验室、野外基地的科普功能。建成内容、活动、产品、传播渠道互融互补的气象科普品牌。建设专兼职结合的气象科普人才队伍。推动建立部门内媒体融合机制，深化与党委政府、中央媒体的合作，提升气象科普宣传和气象文化影响力。开展气象科学知识普及率等评价指标研究，促进气象科普宣传和气象文化更好满足人民群众美好生活需要。

强化重大气象灾害应急演练。完善重大气象灾害应急演练制度，与应急、交通、水利、农业农村、自然资源等相关部门联合开展重大气象灾害应急演练，指导地方各级气象部门积极组织和参与地方重大气象灾害应急演练，提高应急响应能力。加强气象应急管理平台建设，优化完善应急响应、突发事件报告、紧急通知等功能，强化部门上下协同联动，形成工作合力，以信息化手段提升应急管理效率效能。

（三）提升人工影响天气能力

编制和实施全国人工影响天气发展规划。组织做好全国人工影响天气发展规划的编制和实施工作，进一步健全组织完善、服务精细、保障有力的人工影响天气工作体系，基础研究和应用研发取得突破，提升作业服务能力，增强安全风险防范能力，基本形成人工影响天气高质量发展格局，显著提高服务经济社会发展和生态文明建设的能力。完成"耕云"行动计划实施和评估工作，制定实施人工影响天气业务质量提升行动计划，统筹推进人工影响天气业务科学发展、规范发展、安全发展。

加强国家、区域、省级人工影响天气中心和国家人工影响天气试验基地建设。持续推进人工影响天气工作发展，系统研究区域级人工影响天气中心职能定位，提升国家级中心统筹、区域级中心协调、省级中心组织作业能力。发挥国家级、区域和省级人工影响天气中心协调联动作用，强化对下业务组织、指导评估工作。加快提升气象卫星云参量反演、雷达云监测预警及其在人工影响天气领域应用能力，优化云雨作业条件模式系统，提高重点区域作业条件预报的精细度和准确度，为指挥业务提供支撑。开展云水资源的精细化评估，编制人工增雨（雪）业务指南，充分利用各类气象观测数据和催化模式，提升效果评估业务的客观化和定量化程度。推进国家级和区域工程项目立项和建设工作，加强人工影响天气增雨、防雹、消雾示范试验基地建设，国家人工影响天气中心牵头，区域、省级人工影响天气中心为主组织开展人工影响天气试验，为提升人工影响天气科学研究和业务能力提供支撑。

发展安全高效的人工影响天气作业技术和高性能增雨飞机等新型作业装备。完成国内主要型号人工影响天气催化剂检测评估，提升人工影响天气弹药质量，发展新型高效、安全、绿色的冷云、暖云催化剂。发展安全高效的人工影响天气作业技术和高性能增雨飞机等新型作业装备，推进作业飞机驻地专业保障基地和设施建设，提升精准催化、实时通信和专业保障水平。组织制定人工影响天气飞机改装规范，推进加装国产机载云物理探测设备。建设飞机探测设备标定检测系统，制定检测技术规范。加强飞机资料质量控制和分析应用，提升飞机云物理直接探测能力和数据应用水平。探索大型无人机等人工影响天气作业新方式、新手段。提高防灾减灾救灾、生态环境保护与修复、国家重大活动保障、重大突发事件应急保障等人工影响天气作业水平。

健全人工影响天气工作机制，完善统一协调的人工影响天气指挥和作业体系。按照《国务院办公厅关于推进人工影响天气工作高质量发展的意见》（国办发〔2020〕47号）要求，推进落实地方政府属地责任，明确相关部门职责，构建政府主导、部门联动、军地协同、齐抓共管的人工影响天气工作格局。强化部门合作，完善统一协调的人工影响天气指挥和作业体系，面向防灾减灾救灾和生态修复等国家战略，建立常态化国省联合、区域协同的飞机联合作业机制，充分发挥高性能增雨飞机的平台优势，扩大作业覆盖面积，提高人工影响天气的服务效益。基于大数据云平台，建立"云＋端"国省集约规范的国家和地方人工影响天气指挥平台，提升统一指挥调度和区域协同能力。

加强人工影响天气作业安全管理。加强人工影响天气作业安全管理，完善标准规范，强化人员培训，建立基层自查、省级检查、国家级督查的常态化工作机制。加快列装更高安全性能的作业装备，逐步淘汰落后和老旧装备。加强安全技术防范和信息化管理，推广物联网、智能识别、电子芯片、信息安全等技术应用。推进人工影响天气安全管理智能化平台建设，实现对重点场所、重要装备、重大危险源的远程监控和实时风险监控预警。

（四）加强气象防灾减灾机制建设

坚持分级负责、属地管理原则，健全气象防灾减灾体制机制。进一步完善气象灾害防御法律法规，构建依法防御气象灾害的法律制度体系。结合气象防灾减灾工作面临的新形势新任务，推动各地进一步健全"党委领导、政府主导、部门联动、社会参与"的防灾减灾体制机制，建立以气象灾害预警为先导的部门应急联动机制和社会响应机制，健全基于重大气象灾害高级别预警信息的高风险区域、高敏感行业、高危人群的自动停工停业停课机制。完善以《中华人民共和国气象法》和《气象灾害防御条例》为基本制度，以部门规章为实施依据，充分发挥地方立法实施性、补充性和探索性功能的气象防灾减灾法律制度体系，强化气象防灾减灾体制机制建设。推动地方政府建立健全气象灾害重点防御单位认定及风险防控机制。

完善气象灾害应急预案和预警信息制作、发布规范。 及时修订完善国家气象灾害应急预案，组织推动地方气象灾害应急预案修订。加强基于智能网格预报和致灾临界阈值的气象灾害风险预警业务技术研究，完善基于影响的气象灾害预警业务，健全气象灾害预警信息制作规范。建立分灾种、分级别、分行业的预警发布人群精细发布策略，实现预警信息第一时间精准直达政府决策者、部门应急责任人、企事业负责人及社会公众。明确国、省、地市、区县的责任分区、发布范围、发布对象，杜绝多头发布、重复接收。

健全以气象灾害预警为先导的联动机制。 不断完善各级气象灾害预警服务部际联席会议制度。以气象灾害预警标准为先导，建立不同部门防灾减灾工作部署、应急指挥、舆情应对的联动协同机制，完善多部门联合会商、联合发布、联合调研、联合发文等制度，建立健全以气象灾害预警为先导的应急响应联动机制。建立部门内突发事件应急预案，针对除气象灾害外的四大类突发公共事件，明确具体应急措施和服务保障任务。根据各类突发事件应急救援气象保障服务需求，制定突发事件应急救援气象保障业务流程和规范，在气象信息系统中开发突发事件自动化服务功能，提高自动化水平和应急响应时效。推动重点部门、重点行业根据影响建立极端天气防灾避险制度。

定期开展气象灾害防御水平评估，督促落实气象灾害防御措施。 加强气象灾害防御水平评估标准规范研究，推动初步建立气象灾害防御水平评估试点，评估各地气象灾害防御能力建设，提升气象灾害防御水平评估的科学性。推动各级政府印发气象灾害防御水平评估制度，建立气象灾害防御措施督促考核机制。开展气象防灾减灾示范省、示范市和综合减灾示范社区建设，推动将气象灾害防御纳入应急管理和基层社会治理体系，提升地方政府及重点企事业单位的气象灾害防御水平。联合应急管理等部门，推动综合减灾示范社区的认定，提高基层社区防范气象灾害能力。

加强气象灾害风险管理，完善气象灾害风险转移制度。 推动健全气象灾害风险管理制度，将灾害的风险识别、监测预报、影响评估以及灾害的适应和风险转移等作为气象灾害风险管理能力建设的重要内容，完善气象灾害风险分担和转移机制，实现气象灾害应急管理与风险管理并重发展。建立气象灾害风险普查标准、风险评估与预警质量检验标准、气象灾害叫应标准、基层气象灾害联动响应标准。构建风险评估和风险预警业务规范和流程。推动气象灾害风险评估在保险、期货等行业的应用，为开发气象灾害保险险种、保险费率厘定、保险查勘理赔等提供技术支撑，与保险公司联合开展巨灾保险和天气指数保险，充分发挥气象灾害救助积极作用。

强化国家重大工程建设气象服务保障。发展重点工程项目气候可行性论证技术体系；开展面向规划和建设项目的气候可行性论证；发展针对重大规划、重点工程的气象灾害风险评估技术。开展评估指标定量化和适用性研究，发展气候可行性论证技术体系和标准体系。研发和建立风能太阳能资源或水利工程开发潜力评估技术体系和预测技术体系；发展气候资源和能源供需结构综合风险评估及预警技术；研究建立未来气候变化情景下气候资源大规模利用的气候环境和生态效应评价技术。开展编制区域气候可行性论证技术规范。发展近海海洋风能资源开发利用气候可行性论证技术，建立海洋风能资源基础数据库，建设风能影响评估业务。面向川藏铁路、南水北调等国家重大工程建设开展气象保障服务。

构建"气象 +"发展格局
赋能经济高质量发展

薛建军

当前,我国已进入高质量发展阶段,经济体量越来越大,经济社会对气象影响的敏感性和关联性越来越强,气象的生产要素属性愈加凸显,各行各业对气象服务的需求越来越大、要求越来越高。面对新形势新要求,我们要坚持趋利避害并举,努力构建"气象 +"发展格局,注重补齐气象服务短板,积极拓展气象服务领域,不断激发气象服务发展活力,推动气象深度融入经济社会各行各业,为重点区域、重点行业、重大工程等提供专业化精细化气象服务保障。

一、深刻理解气象服务经济高质量发展的重要意义

(一)充分认识气象服务经济高质量发展面临的新形势

在全球气候变暖背景下,极端天气气候事件对经济社会发展的影响日益增多,2001 年至 2020 年,我国极端天气气候灾害造成的直接经济损失平均每年 2938 亿元,占 GDP 比重超过全球平均水平,经济社会各行各业与气象的关联性、敏感性越来越强,气象服务在保障生产安全、降低生产风险、提升生产效益等方面

薛建军,中国气象局应急减灾与公共服务司副司长。

作用更加凸显。我国已进入全面建设社会主义现代化国家、向第二个百年奋斗目标进军的新发展阶段，经济社会越发展，对气象服务的需求就越旺盛，尤其是现代农业、交通运输业、能源产业、海洋经济等战略产业的高质量发展，对气象服务的依赖和需求越来越大，气象已日益成为经济社会各行各业趋利避害、促进高质量发展不可或缺的前瞻性生产要素，**气象信息和科技服务的效用日益突出**。新一代信息技术与实体经济深度融合，使数字化的研发、生产、交换与消费成为主流，这一变革将为气象服务结构调整、模式创新、提档升级注入新动能，**气象服务数字化、智能化新业态呼之欲出**。

（二）准确把握气象服务经济高质量发展面临的新要求

习近平总书记在新中国气象事业 70 周年之际作出重要指示。他强调，要坚持服务国家、服务人民，做到精细服务，提高气象服务保障能力，这充分体现了党中央对做好气象服务寄予的殷切期望。气象工作关系生产发展，在国家经济社会高质量发展中承担全方位服务保障职责，我们必须坚定不移地将气象服务保障生产发展、推动经济高质量发展作为第一要务。在现代化经济体系建设中，气象与生产、流通、消费等各环节的关联性不断增强，气象高敏感行业对气象服务的需求越来越多样化、专业化和精细化，迫切需要构建新时代现代气象服务体系，充分发挥气象服务的避灾减损、赋能增益作用。气象服务是气象事业的重要组成部分，推动气象高质量发展，必然要求推动气象服务质量变革、效率变革和动力变革，不断增强气象服务的综合实力和科技内涵。

（三）积极应对气象服务经济高质量发展面临的新挑战

面对新的发展形势和服务需求，我们要下大力气解决好气象服务面临的问题和困难。**针对气象服务适配性不足和融入度不高的问题**，要坚持以用户为中心，走融合共生式发展之路。主动对接、主动服务、主动融入国家重大战略和现代化经济体系建设，深入挖掘气象服务需求，不断优化气象服务供给，让气象服务产品融得进、看得懂、用得上、用得好，切实发挥气象信息、数据作为新型生产要素的基础支撑作用。**针对气象服务科技水平不高的问题**，要坚持科技创新，走数字化、智能化发展之路。深度挖掘高频次、细网格预报产品的应用价值，提高分灾种、分区域、分行业的影响预报和风险预警服务能力，推动气象服务数字化和智能化建设，发展基于用户需求、提升用户体验的智慧气象服务。**针对气象服务发展机制不活的问题**，要坚持因地制宜、与时俱进，走可持续发展之路。建立健全多元化投入保障机制，充分利用各类资源助推气象服务高质量发展，鼓励有条件的地区先行先试，以点带面推动全国气象服务能力和水平整体提升，不断激发气象服务市场主体活力。

二、以"气象+"赋能经济高质量发展

提升气象服务经济高质量发展水平，必须紧紧围绕国家重大战略和现代化经济体系建设，坚持趋利避害并举，结合实际、因地制宜，积极融入、主动作为，努力构建"气象+"服务格局，突出农业、海洋、交通、能源等重点行业、气象高敏感行业服

务，补短板、强弱项、提能力、建机制，推动气象深度融入经济社会各行各业，全面提升气象服务保障成效。

（一）实施气象为农服务提质增效行动

提升粮食生产全过程农业气象服务能力。 发展天空地一体化的农业气象监测体系，加强高光谱、高分辨率卫星和无人机遥感监测技术研发应用，提升农业气象精密监测和评估定量化水平。发展农用天气预报业务技术和农业气候年景预估技术，提升气象对农业生产的指导作用。建立全球粮食安全气象风险监测预警系统，发展高时空分辨率主要粮食作物产量精细化预报技术。开展种子生产气象服务，建立育种农业气象灾害指标体系和业务服务技术体系。加强农业气象机理研究应用，构建适应中国种植特色的农业气象模型系统。

加强农业气象灾害监测预报预警能力。 面向粮食生产功能区，发展基于智能网格预报和农业大数据的全国公里级主要农业气象灾害精细化监测和无缝隙预报预警，提升气象条件对作物生长及灾害的监测评估和预估能力。针对突发、重发农作物病虫害，发展病虫害气象等级预报和防治气象条件预报技术。针对远距离迁飞扩散病虫害，研究基于雷达监测和数值天气预报的迁飞扩散轨迹和落区监测预报技术。

大力发展智慧农业气象服务。 围绕"三区三园一体"和高标准农田建设，发展农业气象灾害风险预警、综合防控、水肥一体化智能灌溉、智慧植保作业、病虫害防控等农业气象防灾减灾救灾综合保障技术。围绕重要农产品生产保护区和特色农产品优势区，深度融入特色农业全产业链，提升精准靶向服务能力。推进直通式气象服务，建立以县级为主导、省市县上下贯通、一体推进的为农服务保障机制，实现面向新型农业经营主体服务全覆盖。

开展农业气候资源监测评估和开发利用。 动态开展农业气候资源监测与评估，指导农业生产和农业结构调整。组织开展第三次全国农业气候区划工作，制定全国农业气候资源调查和农业气候区划流程标准。加强气候变化对农业影响研究，探索农业生产和农业结构适应气候变化的技术方法。提升气候变化背景下国际粮食贸易及其对我国粮食安全影响评估能力。

（二）实施海洋强国气象保障行动

着力提升海洋气象观测能力。 构建岸基、海基、空基、天基一体化的海洋气象综合观测系统和配套保障体系。依托港口、码头和岛礁等布设气象观测设备，强化垂直廓线观测能力。依托海上固定平台和其他涉海部门锚系浮标、船舶等安装气象观测设备，提升中远海域气象观测能力。发展高性能无人机气象观测系统和下投探空系统，提升海洋机动观测能力。建设海基卫星遥感综合观测平台，开展卫星在轨科学试验。增强观测装备保障和通信网络支撑能力。加强与涉海部门、企业、高校、科研院所等在观测标准制定、综合观测协作、观测站网共用、观测数据共享等方面的合作。

着力提升海洋气象预报预警能力。 构建全球海洋气象智能网格预报业务体系。基于全球和区域高分辨率数值预报，建立适用于不同要素、不同区域、不同季节的智能网格气象要素预报技术，建立健全全球海域公里级洋面风、海表温度、能见度、海上天气等海洋气象网格预报业务。提升海上灾害性天气短临预报预警能力。研发海上大风、海雾和海冰等主要海洋气象灾害监测指标，实现对主要海洋气象灾害过程的实时动态监测。研发海上大风、强对流天气客观释用方法。优化不同海域、不同等级海雾预警指标，开展海雾能见度分级预报，完善海雾天气预警业务规范。

着力提升海洋气象服务能力。 加强海洋气象信息传真广播系统建设，制作发布基于各类海洋气象产品的全球分区域海洋气象传真图产品。开展近海航线、江海联运气象服务示范建设，为航线定制优选、船舶避险指导及航行安全评估提供精细化气象服务，逐步实现我国近海航线气象服务全覆盖。开展智慧港口气象服务示范建设，发展智能化引航、作业窗口期动态预测等气象服务技术，逐步实现我国主要港口气象服务全覆盖。为海洋石油钻井平台、大型化工、核电工程、盐田生产、渔业生产等提供准确精细的气象服务。构建海洋生态环境影响预报和承载力评估模型，开展重点海域海洋生态环境气象监测预报评估试验。

着力提升全球远洋导航气象服务能力。 建设面向全球重点港口及城市、重要航线、主要海域的气象要素精细化预报业务系统。合作发展全球航区多尺度数值天气预报系统和海洋模式系统，提高全球航区台风、海雾、大风等灾害性天气以及海流、巨浪、海冰预报水平。建设远洋气象导航核心产品生成系统和远洋船舶终端气象导航产品分发系统，制作发布船舶航线动态规划和航行风险动态预估等产品。建设面向多应用场景的国家级远洋气象导航指挥平台。

（三）实施交通强国气象保障行动

开展交通气象灾害风险普查。针对高速公路、重点国省道开展恶劣天气交通影响情况排查，制定分灾种、分等级的交通影响情况排查和整改标准规范，建立恶劣天气交通影响情况数据库，形成全国恶劣天气交通影响情况"一张图"。构建交通气象灾害风险评估指标体系，研发交通气象灾害风险评估模型，开展交通气象灾害风险区划。

打造高质量交通气象服务体系。构建国省综合交通气象服务业务体系，打造一体化综合交通气象业务服务系统。基于智能网格预报，研发面向不同类型、不同等级、不同路段的数字化交通气象要素预报产品。融合交通流量、公路路况、车辆定位等交通信息，制作基于影响的交通气象风险预警产品。针对公众交通气象服务需求，研制道路交通安全和拥堵气象风险以及节假日等专题交通气象服务产品。推动交通气象服务信息融入交通安全应急指挥体系、地图导航、驾乘路线规划等应用场景，实现基于位置的精准服务。加强交通气象信息跨行业互通共享，构建全国一体化交通气象大数据集。

发展铁路运输和内河航运气象服务。强化川藏铁路气象服务，加强川藏铁路沿线气象观测站网布局建设，建立健全川藏铁路沿线气象监测预警服务机制，建设川藏铁路建设和运行气象服务保障业务平台。面向西部陆海新通道服务保障需求，研发铁路气象灾害监测预警系统，形成线路区段精细化气象预警产品。强化长江主航道水运安全气象服务保障，建立面向水运安全的智能化气象综合服务保障系统，融入水运安全指挥调度体系。

促进航空气象服务发展。加强航空气象服务保障业务体系建设，发展航空气象预报业务模式和业务系统，提升民用航空和通用航空国内乃至全球的气象服务能力，提高航空气象服务产品的附加值。加强雷达、卫星等观测资料在航空气象技术中的应用以及三维实况数据库的搭建，提升航空气象服务尤其是通用航空服务的实况精细、精准程度。提升颠簸、积冰等航危要素预报水平。

加强物流气象服务。针对全国商贸、邮政快递物流、冷链运输需求，建立物流运输实时天气服务系统，构建面向生产领域、全流程的交通气象服务产品体系。围绕京沪、京广、沪广和中欧班列、东北亚陆海联运通道等多式联运服务保障需求，开展核心物流运输网络气象保障能力建设，研发基于物流终端位置的精准气象服务技术、天气易损度和货物损毁率预测技术、天气影响路径安全规划技术和风险预警技术。

（四）实施"气象＋"赋能行动

提升能源气象服务水平。开展新一轮精细化风能太阳能资源详查评估，发展风能太阳能专业预报评估模型，联合能源相关部门和企业共建共享风能和太阳能资源监测、评价和预报系统，实现精细化风能太阳能资源实时监测和预报。开展新能源定制化服务以及大规模风能太阳能开发利用工程、重要能源工程建设的气候风险评估和影响效应评价。研发风能、太阳能资源特种气象要素观测与分析技术。研究面向高比例可再生能源消纳的时间尺度无缝隙气象预报预测技术。建立气候变化情境下风能、太阳能、水能资源大规模开发利用的气候环境和生态效应评估技术。研发气象灾害对重大能源工程影响的监测、评估和预报预警技术。

强化电力气象服务。 发展基于用户端的电力负荷预测业务，强化大风舞动、电线覆冰等电力气象灾害预报预警。构建与电力生产调度相关的采暖度/制冷度日数等气候态数据，夏季降温耗能变率、冬季采暖耗能变率等电力能源气象数据，分析极端气候事件对发电设施的综合风险。联合电网企业做好密集输电通道及附近区域气象灾害监测预报预警、风险预估及影响评估服务等工作。

发展金融、保险和农产品期货气象服务。 建设金融、保险、农产品期货气象服务系统，发展台风、干旱、洪涝等巨灾保险气象服务，加强政策性农业保险和商业保险气象服务，研发天气指数保险、天气衍生品和气候投融资新产品，建立健全气象金融保险标准。推动气象融入数字经济，开展上海自贸区等气象服务贸易数字化和气象金融创新制度试点。

因地制宜结合实际开展"气象+"服务。 坚持因地制宜、因用制宜，推动各地深入挖掘地方经济高质量发展气象服务需求，找准气象服务工作切入点、结合点和着力点，积极融入生产、分配、流通、消费和社会服务管理等各个环节，持续提升气象服务供给能力和质量，以提供高质量气象服务为导向，推动地方气象高质量发展。

（五）实施气象助力区域协调发展行动

强化区域重大战略实施气象服务。构建与京津冀、长江经济带、粤港澳大湾区、长三角、黄河流域生态保护和高质量发展等区域重大战略相适应的气象服务保障体系，加强区域气象服务组织管理，优化气象重大基础设施布局，提高气象服务能级和精度，健全区域协调发展气象保障机制，打造气象高质量服务区域重大战略示范窗口。健全中央投资、地方配套的气象公共财政投入保障机制，加强对气象基础设施建设、科技研发、人才培养、科普宣传和教育培训等方面的支持，创新投融资模式，鼓励引导社会资本投入气象服务。

提高保障区域协调发展气象服务能力。完善区域协调发展气象资金补助机制，支持西部、东北、中部老区和涉藏地区人员队伍建设，支持基层和欠发达地区气象基础能力建设，继续向中西部艰苦地区倾斜、向基层倾斜。制定气象基层台站建设标准，实施气象基层台站能力提升工程，提升气象基层台站基础设施效能。积极推进双重计划财务体制落实，进一步巩固财政保障机制，保障艰苦边远台站职工待遇。

三、以"硬举措"提升气象服务经济高质量发展软实力

提升气象服务经济高质量发展水平，必须以推动气象服务本身的高质量发展为先导，通过优化气象服务布局，加强气象服务创新，强化气象服务基础支撑，规范气象产业发展，健全气象服

务激励机制等手段，夯实气象服务高质量发展基础。

分类推进气象服务发展。 保障政府及相关组织履行公共服务职能所需要的生态、农业、交通、旅游、海洋、森林草原火险、地质灾害等公益性专业气象服务，以气象事业单位提供为主，国有专业气象服务企业提供为辅，积极推动以政府购买服务的方式配置所需资源。为保障企业和个人开展市场竞争所需要的金融保险、远洋导航、商业、能源等市场化专业气象服务由国有专业气象服务企业提供为主，坚持效益导向，打破属地原则，发挥市场在资源配置中的决定性作用。气象事业单位可在确保公共气象服务目标完成前提下，依托自身技术优势，参与和主业相关的市场竞争。探索建立专业气象服务市场合作备案公示制度、商务谈判保护期机制、恶意竞争处罚机制，建立专业气象服务监督管理平台。

提高气象服务中心创新供给能力。 按照错位发展、优势互补的原则，优化全国专业气象服务发展布局，将国家和省级气象服务中心建设为重点突出、特色鲜明的分领域、专业化气象服务实体，实现一地发展、辐射全国。支持重点区域在重点领域发展智慧专业气象服务，研发基于影响的专业气象服务技术和模式，建设多元数据融合、多种技术集成、适应多种传播介质的智能化专业气象服务平台。鼓励气象服务中心建立完善与其他业务单位、国有专业气象服务企业间技术合作、成果转化、互动反馈和效益评价机制，与行业用户共建共享、融合互动的服务机制。

强化气象服务基础支撑。 实施专业气象服务科技提升行动。

制定专业气象服务科技研发项目年度指南，统筹设计重大业务和科研项目，并组织实施。面向农业、生态、海洋、能源、交通、旅游等重点领域，根据不同的服务性质，分类推动专业气象观测能力建设。鼓励通过服务对象自建、合建或者基于服务收益的形式，提升以满足服务对象个性化需求的专业观测能力。依托新时代气象高层次科技创新人才计划，遴选专业气象服务重点领域"头雁"领军人才，组建由其领衔的专家创新团队。打造若干支紧扣需求、特色鲜明、技术领先、竞争力强的"国字号"专业气象服务高层次团队。加强专业气象服务规范化管理，建立完善专业气象服务标准规范体系。

促进和规范气象产业有序发展。制定完善促进和规范气象产业发展的政策和制度，编制气象产业发展规划，加快制修订气象信息服务、气象装备、工程技术服务等产业重点领域数据、产品、质量、技术、服务和监管标准。建立符合气象数据要素性质、促进气象数据合规高效流通使用的基础制度体系，建立健全气象数据产权保护政策，推动高价值气象数据产品安全有序开放。支持气象产业聚集发展与科技创新，加快建设中国气象科技产业园等气象产业集群，积极推动气象产业向国家级科技产业示范园区、示范基地等重点功能平台集聚，将企业作为重要力量纳入国家气象科技创新体系，建立健全"政产学研用"深度合作机制。引导和支持企业参与气象重大国际会议、国际技术交流活动。做强做优做大国有气象企业。强化部门间协调联动，促进和规范气象产业健康持续发展。

建立完善气象服务激励机制。鼓励气象事业单位通过技术开发、技术转让、技术咨询、技术服务等业务渠道，以科技成果转化的方式建立与国有气象服务企业间的技术合作"纽带"，加强科技成果转化工作。用好用足相关政策，按规定落实科技成果转化收益分配制度。完善内部考核制度和绩效工资分配办法，体现效益优先，落实服务业绩与奖励性绩效分配挂钩机制。

健全投入保障机制。推动建立国家财政保障、政府购买服务相结合的公益性专业气象服务投入保障方式。强化综合预算管理，将专业气象服务收入纳入综合预算管理。鼓励各地围绕区域发展战略和本地特色需求，明确专业气象服务重点领域，推动相关专业气象服务纳入政府购买服务清单，推动建立重点领域专业气象服务政府购买机制。

优化气象服务供给　满足美好生活需要

邓世忠

《气象高质量发展纲要（2022—2035 年）》（以下简称《纲要》）将习近平总书记重要指示精神贯穿始终，科学确定了气象高质量发展的总体思路、分阶段目标和发展任务，提出要加强公共气象服务和高品质生活气象服务供给，建设覆盖城乡的气象服务体系，推进公共气象服务均等化，体现了以人民为中心的发展理念，为公众气象服务发展指明了方向，注入了强大的动力。

一、深刻认识做好公众气象服务的目的和意义

气象服务始终根植于国家发展大局，来源于国家和人民的需求。习近平总书记强调，气象服务关系生活富裕，要坚持服务国家、服务人民，做到精细服务，满足人民对美好生活的向往，既表明了党中央对做好气象服务寄予殷切期望，又体现了公众气象服务在气象服务工作中的特殊地位和重要作用。

做好公众气象服务是气象高质量发展的必然要求。第七次全国气象服务会议明确提出要构建智慧精细、开放融合、普惠共享的新时代现代气象服务体系，推动气象服务的高质量发展。公众气象服务是气象高质量发展的重要内容，是气象服务工作的"国

邓世忠，中国气象局应急减灾与公共服务司副司长。

之大者"，公众是否满意是检验气象服务成效的根本标准和试金石。必须强化公众气象服务，提高服务的针对性和有效性，确保气象服务信息公众能收得到、看得懂、用得好，从而保障人民群众生命安全，服务百姓福祉安康。

做好公众气象服务是保障高品质生活的必然要求。党的十九大明确提出，我国社会主要矛盾已转化为人民日益增长的美好生活需要和不平衡不充分的发展之间的矛盾。新阶段，公众已从小康向高品质富裕生活迈进，对气象服务需求愈发旺盛，呈现个性化、多元化和精细化的特征，需要强化公众气象服务的发展，适应不断升级的气象服务需求，持续提升公众气象服务精细化水平，优化公众气象服务供给，提高对公众的气象保障水平。

做好公众气象服务是保障共同富裕的必然要求。公众气象服务作为基本公共气象服务，全民共享、普惠均等是其最基本的特点。目前，公众气象服务还存在城乡供给不平衡、区域供给不协调、群体性供给不均等的问题，必须强化公众气象服务，完善气象服务信息传播渠道，扩大气象服务覆盖面，重点增强基层、边远地区以及弱势群体获取气象信息的便捷性，确保每个公众都能享受气象服务现代化的成果，在气象服务保障中一个都不掉队。

二、准确把握公众气象服务面临的形势和挑战

当前，我国进入由全面建成小康社会向基本实现社会主义现代化迈进的新发展阶段，人民生活水平显著提高，公众对气象服务需求更加旺盛，呈现多样化、多层次、多方面的特点，表现在

以下方面。

公众对气象服务需求领域更宽。随着经济社会的发展，人民群众的生活方式逐步过渡到以高品质为中心的多元化特征，从基本生活需要向衣食住行游购娱学康等全场景生活需要快速拓展，期望获取更高的出行效率、更优的旅游体验、更好的康养效果、更佳的运动感受，公众气象服务供给也需要从传统的普适型、单一性向细分领域、细分场景、细分人群的精细化转变，逐步满足新发展阶段人民群众更加丰富的美好生活气象服务需求。

公众对气象服务信息要求更快。新一代信息技术的发展，物联网、大数据、人工智能等新技术的广泛应用，深刻改变着人民群众的生活理念、生活节奏，人们对气象服务要求响应更快、获取更便捷。公众气象服务需要强化新技术的应用，统筹传统媒体和新媒体资源，融入各类网络媒体平台，适应新发展阶段人民群众多样的信息资讯获取习惯。

公众对气象服务质量要求更高。新发展阶段，人民群众由过去更重视生存逐渐转变为生存和发展并重，对气象服务的需求也由关注本地区向关注全国、全球转变，由关注未来向同时关注过去、现在和将来全时段转变，由更关注传统文字通用服务信息向精细化、数字化服务信息转变。公众气象服务供给需要充分响应社会需求变化的趋势，加快全球、全时序无缝隙气象服务产品应用，提高气象服务产品精细化、智慧化水平，全方面提升气象服务产品的质量。

公众对气象服务需求的变化决定公众气象服务不能停留在

"有无"和"可用"，需要满足人民的期望。但反观现在的公众气象服务水平，还面临许多的挑战。

公众气象服务供给不均衡。公众气象服务作为基本公共气象服务的重要组成部分，在基础设施更完备的城市，服务的信息量、精细化水平及便捷程度均远高于农村地区，**公众气象服务存在城乡供给二元化结构性不平衡**；在信息化发展充分的东部经济发达地区，公众气象服务供给水平明显优于中西部经济欠发达地区、偏远海岛山区，**公众气象服务存在显著的区域性供给不协调**。由于受教育程度、生活水平、接受度和适应性等不同人群差别，年轻人、健全人、知识分子、中产阶层较之老年人、残疾人、农民工、生活困难群体更容易获取充足的气象服务信息，**公众气象服务存在群体性供给不均等**。需要加快推进公众气象服务能力建设，扩大公众气象服务信息传播渠道和覆盖范围，特别是农村、山区、海岛和边远地区以及老年人、残疾人等特殊群体获取气象信息的便捷性，提升公众气象服务均等化水平。

公众气象服务供给不充分。公众气象服务供给与需求不匹配，对新发展阶段公众气象服务新需求主动挖掘不够深入，对数字网格观测预报产品、新技术的应用尚未做到根据需求提前布局，从而造成需求对气象服务技术的挤兑效应，难以适应需求变化，公众服务供给明显滞后需求，制约美好生活气象服务供给的质量。需要强化公众气象服务供给侧与需求侧改革，建立以需求为导向、以用户为中心的服务理念，加强技术创新和机制创新，形成需求牵引供给、供给创造需求的更高水平动态平衡，提升公众气象服务供给整体效能。

公众气象服务业务基础不牢固。党的十八大以来，气象现代化取得显著成效，观测预报服务产品的数量和质量均得到极大改善，但气象现代化建设成果还未在人民美好生活的气象服务供给中充分体现，人民群众享受现代化建设的红利尚不充分。基础气象业务数据和产品没有得到有效应用，大量优质的精细化网格观测预报产品尚未纳入公众气象服务供给范畴。服务技术发展缓慢，精细化气象服务产品加工、基于影响的预报服务等核心技术仍未全面突破，导致公众气象服务产品个性化、专业化、精准化不足，制约了公众气象服务的发展。需要加快构建"网格化实况/智能预报＋气象服务"业务体系，贯通观测、预报、服务各环节，实现气象服务的系统发展，需要加强气象服务精细化技术体系建设，支撑个性化、定制化的气象服务业务，提升公众气象服务的有效供给。

三、落实《纲要》要求，推进公众气象服务创新发展

新时代，要认清形势，把握趋势，全面落实《纲要》战略部署，以满足人民美好生活需要为根本目的，加强公众气象服务能力建设，优化公众气象服务供给，加强城乡气象服务体系建设，推进公众气象服务的均等化和广覆盖，实现公众气象服务创新发展。

（一）加强公众气象服务供给

深化气象服务供给侧结构性改革，提升公众气象服务供给能力、质量和效能，强化气象服务市场监管。建立公共气象服务清单

制度，形成保障公共气象服务体系有效运行的长效机制。建设惠及全体人民的气象服务信息传播体系，推进基本公共气象服务均等化，消除"信息鸿沟"，全面提升人民获得感、幸福感、安全感。

一是健全公众气象服务供给制度。开展公共气象服务清单和事权责任划分研究，制定公共气象服务清单，明确中央和地方事权责任划分，分级、分类推动将公众气象服务纳入政府公共服务清单目录，形成保障公共气象服务体系有效运行的长效机制。深化气象服务体制改革，强化气象部门在公众气象服务中的主体作用，分阶段稳步推进公众气象服务领域社会化。引导和鼓励公众气象服务企业承担更多的社会责任，开展气象预警信息传播、气象灾情信息收集汇交等基础公益活动。健全气象服务法规标准体系，规范气象服务市场监管，营造公平有序的气象服务市场。

二是推进公共气象服务均等化。加强气象服务信息传播渠道建设，推动公众气象服务设施建设纳入城市更新计划、乡村振兴行动，依靠社会资源，大力发展互联网新媒体和传统媒体相结合的公众气象服务信息传播体系。建立健全与社会媒体合作机制，推动将公众气象服务产品植入主要媒体、主流资讯、政务服务等，实现各类媒体气象信息全接入，促进城乡、区域、群体之间的公共气象服务均等化。

三是提升公众气象服务的质量。鼓励各地结合实际创新服务形式，丰富气象服务手段，为百姓提供通俗易懂、生动形象、触手可及的气象服务产品。发展全方位、多视角、广覆盖的全场景民生气象服务，优化服务便捷性和体验感。持续推动公众气象服务信息化建设，加快优质公众气象服务向农村、山区、海岛、边远地区及经济欠发达地区延伸。适应老龄化发展趋势，让更多老年人享有更优质的生活气象服务。面向残障群体，打造无障碍公众气象服务体系。构建全球无缝隙公众气象服务产品体系，研发多语言、多终端的个性化服务产品，为国家驻外机构和企业、出境国民提供"伴随式"气象服务。

（二）加强高品质生活气象服务供给

加强需求侧改革，深挖高品质生活气象服务需求，以需求为牵引，加快数字化气象服务的普惠应用，强化旅游、健康、体育等气象服务供给能力，开展人民高品质生活个性化、定制式的气象服务，推动公众气象服务创新发展。

一是开展个性化、定制化公众气象服务。加强公众用户行为需求分析，搭建气象服务综合分析应用平台，分类设计气象服务场景，强化服务产品的智能生产，研发基于场景的图形、图像、智能语音等多维服务产品。探索发展网络机器人，为用户提供基于位置、场景、需求的分众式、定制化服务。推进气象服务信息靶向推送技术与社交平台、移动互联等渠道的对接，实现精细化气象服务产品的靶向发布和传播。

二是加快数字化气象服务普惠应用。强化网格实况及智能网格预报产品的应用，推动气象服务与观测预报的有效衔接，建立数字化的气象服务业务体系，开发气象服务数字化接口、插件和图层，提升数字化产品供给。推动气象融入数字生活，构建防灾减灾、网格化治理、智能家居等数字化生活场景，发展插件式、基于影响的数字气象服务。

三是强化旅游气象服务供给。推动气象服务纳入旅游安全保障体系，开展旅游景区气象灾害风险普查和区划，分类制定景区旅游气象服务标准，及时发布旅游安全气象风险预警。推动 3A 级以上旅游景区气象观测站点和预报预警信息传播设施建设。运用大数据、人工智能等信息化技术，强化天气对旅游出行、观景等影响分析及服务产品研发，加强开发利用天气景观等旅游资源，为公众提供旅游目的地、旅游线路推荐等个性化服务，做好自驾游、冰雪游、乡村游、生态游、康养游等气象服务，助力旅游产业发展。

四是强化健康体育气象服务。加强大数据融合分析，开展冰雪运动、水上运动等竞技体育、重大赛事和全民健身需求分析，确定气象服务重点场景，研发竞技体育和全民健身服务算法模型及个性化定制化气象服务产品。加强气象条件与过敏性疾病、传染病、心脑血管、呼吸道等疾病的关系研究，建立疾病发生发展风险预测模型，建设健康气象风险监测、预警和影响系统，及时发布风险预警提示。优化人体舒适度、负氧离子、户外锻炼、康养等生活指数气象服务。强化极端天气气候事件对人体健康的影响研究和服务。探索开展慢病患者终身医疗气象保障服务，提供差异化个体健康生活天气提示。

（三）建设覆盖城乡的气象服务体系

实施基层气象服务高质量发展行动，坚持趋利避害并举，健全基层气象灾害防御机制，建设覆盖城乡一体的气象服务体系。

一是建立精细化的气象监测预警体系。加强城市立体梯度观测，加密城市人员流动密集区、交通枢纽、易涝区等重点区域气象观测站点。在农村气象灾害高风险地区补充建设天气雷达等探测设备，构建由地面观测调查、无人机摄影测量、雷达监测及卫星遥感等综合互补的一体化气象灾害监测体系。完善气象灾害智能预报系统，发展精细到乡镇（街道）的气象预报和灾害性天气短时临近预报预警业务。建立实时滚动的分区、分时段、分强度的城市精细化气象要素网格预报业务，满足城乡不同人群对气象监测预报信息的需求，筑牢民生底线。

二是强化城市高品质生活气象服务。积极推进数字气象融入"城市大脑"，在城市规划、建设、运行中充分考虑气象风险和气候承载力，优化城市国土资源空间布局，保障城市安全。建设开发城市精细化管理气象保障系统和"气象插件"，嵌入城市运行管理各个指挥系统。深耕基于气象的城市安全运行数字化风险管控应用场景，全程融入城市供水供电供气供热、防洪排涝、交通出行、建筑节能、网格化管理等城市灾害重点场景的灾害风险管理，为城市公众提供数字化、场景化的衣食住行气象保障服务。

三是强化农村生命安全气象保障。积极融入数字乡村发展统筹协调机制，发挥智慧气象在数字乡村发展战略实施中的作用。强化大数据、物联网、人工智能技术在乡村振兴气象服务的应用。鼓励开发适应农村特点的移动互联网应用（APP）软件和气象服务技术产品，推进气象信息进村入户。构建行政村全覆盖的气象预警信息发布与响应体系，推动预警发布接入基层应急广播体系、社会综合治理体系以及微博、微信等融媒体传播渠道，构建广覆盖、立体化的预警信息发布传播体系，解决气象信息传播"最后一公里"问题，确保乡村居民对气象灾害早了解、早防御、早避险。

（四）加强公众气象服务能力建设

一是强化公众气象服务基础支撑。依托气象信息化建设成果，升级改造气象服务业务支撑平台，开发气象服务数字化接口、插件和图层，构建"网格实况和智能网格预报＋气象服务"业务体系，实现公众气象服务需求智能感知、产品自动化制作和发布。提升中国天气等气象发布能力和品牌建设，建设融媒体发布平台，统筹网络、报纸、手机等各种气象服务发布端口，实现信息的精准推送。强化与公共媒体机构的信息传播合作，健全各类媒体气象信息的融合机制和传播标准规范体系，通过"气象部门发、其他部门转、社会媒体播"三方共同发力，实现气象信息的广覆盖、快速传播和全社会高效应用。

二是强化公众气象服务技术创新。开展气象服务核心技术研发，发展精细化公众气象服务产品加工制作技术。开展公众需求挖掘研究，建立气象服务算法清单，构建针对美好生活不同受众、不同场景的公众气象服务产品核心算法体系，实现服务质量的智能化、持续性改进。深化新信息技术融合应用，加快发展以大数据分析与用户画像技术为核心的公众气象服务需求智能感知技术，实现用户特定场景的气象服务解决方案和快速定制响应。推动人工智能技术在公众气象服务场景的高效应用，构建气象服务知识图谱和网络机器人，支撑智能分析、智能制作、智能分发、智能评价功能。开展分众化气象服务，实现气象服务的个性定制、按需推送、在线互动，增强用户交互式服务效果。

三是强化公众气象服务科学管理。推进公众气象服务需求常态化分析，定期评价气象服务质量。建立用户互动反馈机制，优化改进气象服务供给内容和方式，提高气象服务科学有效供给。建立健全公众气象服务标准体系，强化重点领域的标准制定和实施应用。建立完善公众气象预报统一发布制度，引导和规范社会传播行为，保证公众气象预报预警信息的权威性和一致性。

充分发挥气象支撑作用
助力美丽中国建设

薛建军

习近平总书记指出：生态兴则文明兴，生态衰则文明衰。气象条件决定了自然生态系统的基本格局。在新中国气象事业70周年之际，习近平总书记对气象工作作出重要指示，强调气象工作关系生态良好。《气象高质量发展纲要（2022—2035年）》提出，要强化生态文明建设气象支撑，明确了生态文明建设气象保障服务的重点任务，是贯彻落实习近平生态文明思想和习近平总书记对气象工作重要指示精神的具体体现。

一、深刻认识气象在生态文明建设中的重要意义

降水、温度和光照等气象要素，是影响地球生态系统最活跃、最直接的驱动因子，直接关系到美丽中国建设、生态保护和修复、气候变化科学应对。气象灾害监测预报预警是有力支撑生态安全防范与应对的坚实基础，气候变化影响评估是有力支撑参与国际气候治理的科学依据，风能太阳能资源预报评估是有力支撑合理开发利用气候资源的有效举措。

充分认识气象在生态保护修复中的支撑作用。生态气象服

薛建军，中国气象局应急减灾与公共服务司副司长。

务保障工作在生态文明建设总体布局中发挥着基础性科技保障作用，对于科学开展生态保护与建设、提高生态系统自我修复能力、增强生态系统稳定性、促进生态系统质量整体改善具有重要意义。党中央国务院一系列生态文明建设重要文件及相关部署明确提出，要开展气象监测、风险预警、影响评估、评价服务等工作，加快构建生态文明体系对气象工作提出了科学性、针对性的新要求。要充分发挥气象在生态保护修复、生态保护红线监管、生态文明建设绩效考核等方面的支撑作用。

充分认识气象在国家应对气候变化战略中的支撑作用。气候变化导致我国自然生态系统风险增加，严重威胁着国家生态安全、粮食安全、水安全，造成人民生命财产损失。应对气候变化事关我国发展的全局和长远，习近平总书记多次指出，中国要积极参与全球治理体系改革和建设，成为国际气候治理的参与者、贡献者、引领者。全球环境治理、应对气候变化对气象工作提出了深度参与、密切合作的新要求。要充分发挥气象在应对极端天气气候事件、参与全球气候治理、应对气候变化国家战略实施中的支撑作用。

充分认识气象在气候资源合理开发利用中的支撑作用。风能太阳能等气候资源的分布和变化与气候条件密切相关，在其开发利用中的规划、选址、运行和消纳等都离不开气象服务支撑。习近平总书记在第七十五届联合国大会一般性辩论上指出，"中国将提高国家自主贡献力度，采取更加有力的政策和措施，二氧化碳排放力争于 2030 年前达到峰值，努力争取 2060 年前实现碳中和"。在"碳达峰、碳中和"目标愿景引领下,气候资源合理开发利用对气象工作提出了更加精准、专业的新要求。要充分发挥气象在合理开发利用气候资源、推进能源结构和经济结构调整、促进绿色低碳发展中的支撑作用。

二、开拓创新,全面推进生态文明建设气象保障服务

《气象高质量发展纲要(2022—2035年)》提出,要强化应对气候变化科技支撑、强化气候资源合理开发利用、强化生态系统保护和修复气象保障。围绕国家生态文明建设气象保障服务需求、发挥优势、加强融入、积极探索,气象工作大有可为。

(一)夯实基础建设,服务国家应对气候变化内政外交

加强气候变化对气候承载力脆弱区影响的监测评估。加强青藏高原生态屏障区冰川、冻土、积雪观测与温室气体观测。发展青藏高原地区高分辨率区域天气气候模式,全面提升气候变化监测、评估和预估水平。加强气候变化对青藏高原水资源、生态环境、冰川、冻土等多圈层过程的影响评估,评估高原水资源、生态环境、冰川、冻土等多圈层过程对气候变化的响应,增强承载力研究与应用服务能力。强化风云卫星遥感应用,加强对全球气候变化承载力脆弱区监测。

开展面向重点行业和领域的影响评估和应用。拓展社会经济与人体健康等相关领域数据收集范围,加强气候变化数据库建设,夯实科研业务基础。加强气候变化与国民经济重点领域关系研究,联合开展气候变化对农业、林业、水资源、生态环境、人

体健康和旅游等重点领域与特色产业影响评估。加强气候变化对经济发展、产业结构布局、空间规划等影响研究，提高对政府和部门的支撑与保障服务。

加强气候变化风险预警。开展不同地域人口、交通、工农业布局等的气候承载力分析，提升极端天气气候事件及衍生灾害监测预警和应对服务能力。发展极端事件监测评估业务，建立风险区划图，大力提升灾害风险管理与应对能力。加强生态系统气象要素观测，评估气候条件对生态系统综合状况的影响，提升承载力脆弱区风险预警能力。建立气候变化和重大气象灾害危险性综合评估方法，构建气候容量（气候承载力）评估技术和标准。建立气候生态承载力评估技术体系。发展多时空尺度气候变化对生态环境安全影响的早期预警、动态监测预测技术和平台。构建高精度气候—水文—生态—环境—健康跨领域的气候变化风险耦合评估模式，加强重点方向的灾害风险定量化、动态化评估，建立重点领域评估报告的滚动发布制度，发布重点行业风险预测、预估和预警产品。

加强温室气体浓度监测与动态跟踪研究。统筹本底站、观象台、基准站，开展温室气体浓度监测，形成覆盖全国的温室气体观测网。进一步构建覆盖 16 个气候关键区的本底观测能力，强化温室气体和臭氧等大气成分监测，逐步形成地面—高空—卫星观测一体化的温室气体国家综合监测体系。在 7 个已建大气本底站补充温室气体和二氧化碳通量等观测。在我国地级以上城市和区域代表性好的高山站，以及国家气候观象台开展以二氧化碳为主的温室气体浓度在线观测和通量观测，在南北极、南海等开展温室气体在线或采样观测。发展风云卫星和第二代碳卫星全球温室气体监测能力。加强地面监测数据分析方法国际比对研究，加强星地协同监测算法研究，提高温室气体监测精度与产品水平。加强我国生态系统碳源汇研究和碳排放核算方法研究，为我国碳达峰碳中和行动提供科学评估支撑。

加强国际应对气候变化科学评估。积极履行好政府间气候变化专门委员会（IPCC）国内牵头部门的职责，深度参与 IPCC 评估进程和未来机制建设，推动我国气候变化科研成果应用。围绕国家应对气候变化内政外交需求，加强战略研究，研判 IPCC 评估在全球气候治理中的角色和作用，积极参与《联合国气候变化框架公约》《联合国防治荒漠化公约》谈判，研判国际气候治理形势和走向，提升参与国际气候治理的科技支撑能力。

（二）强化趋利增效，助力气候资源合理开发利用

加强风能太阳能监测和气候资源普查。丰富风能太阳能观测，加强 100 米以上的风能资源可利用高度的风特性观测。加强行业资料汇交和融合应用，利用好风云气象卫星观测资料，提升风能太阳能综合立体监测能力。建立风能太阳能资源动态监测、分析业务。开展气候资源针对性的普查，建立风能太阳能等气候资源普查、区划、监测和信息统一发布制度，进一步规范风能太阳能等气候资源统一发布，重大公报产品纳入中国气象局新闻发布会内容，提升公报产品影响力和权威性。

开展风电和光伏发电开发资源量评估。改进全国风能太阳能

资源精细化评估技术，对全国可利用的风电和光伏发电资源进行全面勘查评价。面向乡村振兴中的可再生能源利用、中东部地区分布式风电光伏发电、大型清洁能源基地等建设需求，对风光水等气候资源进行综合分析和互补性研究，研究不同地区、不同资源开发利用方式的资源特性的分析，进一步全面摸清我国风能太阳能"家底"。

研究建设气候资源监测和预报系统。建立国省一体化的新能源气象业务服务平台，综合涵盖风能和太阳能的气象专业数据库、资源详查评估系统、实时监测业务系统、预报预测系统、预警信息发布系统和决策服务系统。研发自主可控的中国风能太阳能专业预报模式。建立风能太阳能集合预报产品服务支撑系统，提供风能太阳能的概率预报产品。完善精细化风能太阳能资源网格预报业务，提高风电、光伏发电功率预报准确率。建立短临、短中期尺度高时空分辨率的风能太阳能网格预报业务。构建面向能源行业的延伸期—月—季节尺度的边界层低层风场等要素的气候预测业务。开展风能太阳能资源及其技术可开发量的可能变化趋势预估，为国家和地方政府制定风能太阳能发展政策及实现碳中和的远景目标提供科学依据。

探索建设风能、太阳能等气象服务基地。建立风能太阳能气象服务示范基地。形成大风、台风、覆冰、沙尘暴等灾害性天气和极端气候事件对风能太阳能发电设施和电力输送设施的影响监测预警能力。加强多源卫星遥感数据资料应用，逐步建立"一带一路"国家风能太阳能监测评估和服务能力。加强农村地区风能太阳能监测、预报、预警及评估等服务。为风电场、太阳能电站等规划、建设、运行、调度提供高质量气象服务。

（三）强化基础支撑，提供生态保护和修复气象保障服务

开展生态气象监管服务。围绕生态保护红线监管需求，在国省两级建立生态保护红线监管气象服务业务，开展生态气候承载力评估服务，分析评价气象条件对植被生产力、生物多样性维护、防风固沙、水土保持、水源涵养、气候调节等生态服务功能的影响。定量分析气象因素的影响，为红线区生态环境准入、绩效考核、生态补偿和监管提供气象支撑。开展生态文明建设绩效考核气象服务。强化森林、草原、荒漠和湿地等类型植被生态质量气象贡献率动态监测评价功能，为国家重点生态功能区县域生态环境质量监测评价与考核提供技术支撑。

建立重点区域生态气象服务机制。加强生态气象观测能力建设。重点建设以国家气候观象台和大气本底站为核心的生态气象综合立体观测网，具备在我国"三区四带"等重点区域的综合、动态观测功能。强化生态气象监测影响评估。强化全国主要生态系统气象监测与影响评估及"三区四带"重点功能区生态气象监测与影响评估。强化生态气象预报预警能力。强化生态系统高影响极端气候事件预测、生态系统关键要素预测与预估能力；开展生态气象灾害风险区划，加强重大气象灾害生态影响预报预警、林草有害生物气象预报预警、森林草原防灭火气象预报预警、蓝藻水华等水污染气象预报预警能力建设。

加强面向多污染物协同控制和区域协同治理的气象服务。建设国省一体化环境气象预报服务系统，实现雾／霾及重污染天气气象条件短临滚动预报服务，开展中长期重污染天气气象风险概率预报服务，建立细颗粒物与臭氧协同控制气象条件预报服务能力，发展气象条件对大气污染防治攻坚战成效影响评估服务。提升核及危化品泄漏气象应急保障能力，建立国家、省、市三级的危化品泄漏应急气象保障联动机制，提供高时空分辨率的污染区风险预报服务。

建立气候生态产品价值实现机制。面向绿色发展气象服务保障需求，充分挖掘宜居、宜业、宜游、宜养气候资源价值，建立气候资源"一张图"。开展特色生态气候资源服务支撑技术研发，建立健全相关评价体系，探索建立生态气象产品价值实现机制，提升"中国天然氧吧"等生态气候品牌创建推广的规范化和影响力。

三、强化支撑，营造生态文明建设气象保障服务良好发展环境

面对国家生态文明建设日益增长的气象服务需求，要清醒认识生态文明建设气象保障服务工作面临的挑战，生态环境气象服务涉及多学科、多领域，还存在业务科技支撑不充足、法规标准建设不完备、运行保障机制不健全、气象融入生态文明建设不够等问题。这就要求主动对接国家重大发展战略需求，更好地将气象融入国家生态文明建设中。

强化科技支撑，提高生态文明建设气象保障服务科技含量。

研发气象条件对生态保护修复工程和环境污染治理效果的影响，加强卫星遥感资料在生态气象预报评估模型中的融合应用，大力发展精细化、精准化生态气象服务产品。发展风能太阳能资源评估、功率预报和高效开发利用技术，研发气候承载力评估技术。健全需求导向、特色鲜明、国省协同的生态气象监测预报评估服务业务体系。

强化标准建设，提升生态文明建设气象保障服务权威性和影响力。系统梳理生态气象领域标准，制订生态气象标准框架和编制计划，有序推进生态气象服务标准和业务规范建设。制修订生态系统气象监测评估、气候变化影响评估、气象风险预警服务、风能太阳能资源评估等生态安全领域重大、关键性标准，提升生态气象服务权威性和影响力。

深化部门合作，推进融入生态环境治理体系。加强与自然资源、生态环境、林草等部门的合作，推进生态环境保护和修复相关合作协议的落实。与相关部门联合研发建立影响生态环境质量的气象指标和产品体系，更好地服务国家生态环境治理体系。

健全保障机制，促进生态文明建设气象保障服务高质量发展。加大生态气象科研团队建设力度，加强生态气象业务培训和人才交流。实施生态气象保障能力提升与气候变化监测评估工程。积极争取公共财政资金投入和科研项目支持，健全生态气象保障机制。

建设高水平气象人才队伍
为气象高质量发展提供坚强有力保证

王志华

国以才立，业以才兴；千秋基业，人才为本。人才是实现民族振兴、赢得国际竞争主动的战略资源。习近平总书记强调，我国进入了全面建设社会主义现代化国家、向第二个百年奋斗目标进军的新征程，我们比历史上任何时期都更加接近实现中华民族伟大复兴的宏伟目标，也比历史上任何时期都更加渴求人才；综合国力的竞争说到底是人才竞争，人才是衡量一个国家综合实力的重要指标。

一部新中国气象事业发展史，就是我们党集聚人才、团结人才、成就人才、壮大人才的历史。1945 年，党中央在延安开始培养自己的气象人才。1949 年新中国成立后，人才短缺成为阻碍气象事业发展的主要问题。在周恩来总理等中央领导的号召下，叶笃正等一大批留居海外的气象专家和留学生纷纷回国，推动气象事业步入了快速发展的轨道。北京、南京、成都等地 3 所气象院校和 22 所气象学校的成立，推动气象人才培养进入正规化阶段。气象事业是科技型、基础性、先导性社会公益事业，直接面对地球系统科学和大气科学前沿问题、服务经济社会发展各方面各领域，更凸显了人才

王志华，中国气象局人事司司长。

工作对事业发展的极端重要性。在《气象高质量发展纲要（2022—2035 年）》（以下简称《纲要》）编制过程中，中央领导同志高度重视气象人才工作，明确要求单列一章对建设高水平气象人才队伍提出任务，做出部署。这充分体现了党中央国务院对气象人才队伍建设的关心和重视。各级气象部门要切实增强机遇意识、忧患意识、责任意识，胸怀"两个大局"，牢记"国之大者"，不断提高政治判断力、政治领悟力、政治执行力，在新时代人才强国建设中展现出气象部门应有的担当和作为。

一、党的十八大以来气象人才工作取得的成绩

党的十八大以来，在以习近平同志为核心的党中央坚强领导下，气象部门坚持党对人才工作的全面领导，坚持发展是第一要务、创新是第一动力、人才是第一资源，气象人才工作和气象人才队伍建设取得显著成效。**党对气象人才工作的领导全面加强。**气象部门坚持党管人才原则，坚定实施人才强国气象战略和创新驱动发展战略，成立中国气象局人才工作领导小组，编制实施《气象人才发展规划（2013—2020 年）》，设立人才发展专项资金，气象人才工作的组织领导和顶层设计得到全面加强。**气象人才发展环境持续优化。**落实中央部署，持续深化人才发展体制机制改革，破除唯论文、唯职称、唯学历、唯奖项"四唯"现象，初步建立以创新价值、质量、实效、贡献为核心的人才评价体系。制定实施"双百计划"、新时代气象高层次科技创新人才计划等人才计划，持续推进气象部门职称制度改革和事业单位岗位

管理改革。**气象人才队伍整体素质显著提高。**截至 2021 年年底，气象职工本科以上比例达到 88.2%，硕士以上比例达到 24.6%，拥有博士 1700 余人；中级职称以上比例超过 70%，气象人才队伍专业结构、学历结构、职称结构不断优化，初步建成以大气科学为主体、多种专业有机融合的高素质气象人才队伍。**气象学科和专业建设进一步加强。**会同教育部加强对气象人才培养工作的指导，联合印发《加强气象人才培养工作的指导意见》。建立气象教学名师和教学团队制度，定期开展遴选工作。**气象人才效能持续增强。**气象人才在推动高水平气象科技自立自强、筑牢防灾减灾第一道防线、服务中央重大决策部署和重大战略实施以及保障国家粮食安全、能源安全等方面发挥了关键作用，人才引领气象事业发展的局面初步形成，人才效能持续增强。

二、气象人才工作面临的新形势和新任务

习近平总书记关于做好新时代人才工作的重要思想和对气象工作的重要指示为新时代气象人才发展指明了方向，气象高质量发展对新时代气象人才队伍建设提出了更高的要求，气象人才工作面临新的发展形势和难得的发展机遇。

（一）中央人才工作会议对做好新时代人才工作做出重大战略部署

习近平总书记在中央人才工作会议上的重要讲话，明确提出了当前和今后一个时期实施新时代人才强国战略的总体要求，系统阐述了新时代人才强国的新理念新战略新举措，部署规划了加

快建设世界重要人才中心和创新高地的战略目标，科学回答了新时代人才工作的一系列重大理论和实践问题，是指导新时代人才工作的纲领性文献。气象部门需要结合实际，认真贯彻落实中央人才工作会议精神，坚持面向国家重大战略、面向人民生产生活、面向世界科技前沿，推进气象人才队伍高质量发展。

（二）习近平总书记对气象工作的重要指示精神为气象人才工作指明前进方向

习近平总书记的重要指示从战略和全局高度，指明了新时代气象事业发展的根本方向、战略目标和战略任务，对加快科技创新、提高气象服务保障能力、发挥气象防灾减灾第一道防线作用提出了明确要求。推动气象高质量发展，创新是第一动力，人才是第一资源。要以习近平总书记对气象工作的重要指示为根本遵循，把人才资源开发放在最优先位置，着力夯实气象高质量发展的人才基础。

（三）国家"十四五"人才发展规划为谋划气象人才队伍建设提供思路举措

《国家"十四五"期间人才发展规划》在人才发展目标、重大人才项目、专项人才计划、促进人才合理配置、人才发展体制机制改革等方面提出重要举措，提出北京、上海、粤港澳大湾区要坚持高标准，努力打造成创新人才高地示范区。一些高层次人才集中的中心城市要采取有力措施，着力建设吸引和集聚人才的平台。要大力培养使用战略科学家，打造大批一流科技领军人才和创新团队，造就规模宏大的青年科技人才队伍，培养大批卓越工程师。要深化人才发展体制机制改革，为各类人才搭建干事创业的平台。这些举措对谋划气象人才队伍建设提供了明确思路。

（四）气象高质量发展对建设高水平气象人才队伍提出明确需求

气象事业进入高质量发展阶段，以智慧气象为主要特征的气象现代化体系将更加健全；气象业务服务需要更加聚焦生命安全、生产发展、生活富裕、生态良好，更好满足人民群众和经济社会发展多层次多样化气象服务需求；气象科技创新将更加注重高水平自立自强，更加注重自主创新能力，满足气象核心业务发展需求。人才是实现领域拓展、业务提升、创新发展的核心力量，是引领气象高质量发展的第一资源，需要加快建设一支高素质、专业化的气象人才队伍。

（五）新型气象业务技术体制改革对气象人才队伍建设提出新的要求

以大数据、云计算、人工智能、量子计算、物联网＋、5G 等为代表的新一代信息技术加速突破应用，为气象科技发展提供了更多创新源泉，全面开展研究型业务建设，推进"云＋端"技术体制建设对气象人才队伍结构与布局提出全新的要求，也为各类人才成长和施展才华提供了广阔的舞台。如何实现气象人才队伍整体素质提升和转型发展，以期更好地满足气象业务技术变革的需要，将是今后一个时期气象人才发展的重要内容。

（六）气象人才发展面临的紧迫问题对气象人才队伍建设提出新的挑战

对照习近平总书记对气象工作的重要指示精神，对照中央人才工作会议的部署和要求，对照气象高质量发展需要，气象人才队伍存在的问题主要体现在以下四个方面：一是气象人才队伍整体水平仍需提高，与支撑保障气象高质量发展需要尚有差距；二是气象重点领域战略科技人才、科技领军人才和创新团队仍然不足，青年人才培养使用还需加强，对"高精尖缺"人才的引进和集聚力度不够；三是气象人才供给的数量和质量存在较大差距，对气象学科发展的引领作用仍需加强；四是气象人才政策的精准性、协同性不够，激励人才创新发展措施的落实还存在"最后一公里"不畅通的问题，气象人才发展环境有待进一步优化。

三、出实招、办实事、求实效，建设高水平气象人才队伍，做好《纲要》贯彻落实工作

《纲要》为气象高质量发展擘画了蓝图，全国气象高质量发展工作会议为气象高质量发展作了高位部署。胡春华副总理强调，"推动气象高质量发展，最终要靠气象系统来干"。对标中央人才工作会议精神和气象高质量发展的部署要求，对照气象人才队伍建设的短板和薄弱环节，中国气象局党组坚持人才引领发展的战略地位，审时度势研究出台《气象人才发展规划（2022—2035年）》（以下简称《规划》）和《中国气象局党组关于加强和改进新时代气象人才工作的实施意见》（以下简称《实施意见》），为新时代气象人才工作和气象人才队伍建设进行顶层设计和宏观谋划。

《规划》从时间上对标《纲要》的关键节点，从目标上对标

《纲要》建设高水平气象人才队伍的要求，系统谋划了气象人才队伍到 2035 年的目标任务、重大人才计划和政策机制等内容。《实施意见》坚持问题导向，以"向用人单位放权、为人才松绑"为重点，回应基层单位和广大气象人才关注的岗位管理、人才评价和激励保障等问题，结合部门实际，提出能落地、可操作的政策举措，并与以往科技创新政策、人才政策有机衔接。围绕《纲要》的贯彻落实，结合《规划》《实施意见》的制定实施，中国气象局党组在建设高水平气象人才队伍方面提出了一系列具体措施。

（一）大力建设"五支重点人才队伍"

在新中国气象事业 70 周年之际，习近平总书记对气象工作作出重要指示，要求加快科技创新，做到监测精密、预报精准、服务精细，推动气象事业高质量发展，提高气象服务保障能力，发挥气象防灾减灾第一道防线作用。《纲要》在加强气象基础能力建设方面，提出要建设精密气象监测系统、构建精准气象预报系统、发展精细气象服务系统、打造气象信息支撑系统。

为贯彻落实习近平总书记对气象工作的重要指示精神和《纲要》部署，中国气象局党组提出建设气象预报队伍、气象服务队伍、气象监测队伍、信息技术队伍和业务支撑队伍五支重点人才队伍。这五支人才队伍涵盖了气象业务科研工作的主要专业领域，是新时代气象人才队伍的主体。在五支队伍建设上，主要是围绕地球系统数值预报、预报预测等重点领域，构建一支满足"五个 1"精准预报能力发展需求、结构合理、技能卓越的气象预报队伍；围绕高质量服务保障生命安全、生产发展、生活富裕、生态良好等方面，构建一支集约高效、特色鲜明的气象服务队伍；围绕地面观测、探空和地基遥感垂直廓线观测、雷达观测、卫星观测等观测方式，聚焦观测装备、观测方法、站网布局、计量保障、数据质控、产品研制及应用等重点领域，构建专业素质高、业务技术精、结构合理的气象监测队伍；围绕气象专有软件研发、先进计算与人工智能应用、地球系统大数据、网络安全等方向，构建一支紧跟信息技术前沿、深谙气象业务需求、服务支撑有力的信息技术队伍；围绕教育培训、宣传科普、规划财务等方面，构建一支熟悉气象业务、素质优良、保障有力的业务支撑队伍。

（二）重点实施"八项重大人才计划"

围绕气象人才队伍建设目标和主要领域人才队伍建设任务，提出实施"八项重大人才计划"，统筹培养气象部门人才和气象行业人才、气象高层次人才和基层基础人才、自主培养人才和引进人才、国内人才和国际化人才，并进一步促进人才素质提升和气象学科发展。

"八项重大人才计划"中的气象高层次科技创新人才培养计划、创新团队支持计划和人才强基计划，主要以建设气象战略人才力量为重点，打造气象战略科技人才、科技领军人才和创新团队、青年科技人才，夯实基层人才基础，统筹抓好气象骨干人才队伍建设。气象人才素质提升计划、气象人才集聚和引进计划、国际化人才培养计划和气象学科发展引领计划主要以全方位培养、引进、用好人才为重点，增强气象人才自主培养能力，加大人才对外开放力度，聚天下英才而用之。气象人才高地和平台建设计划主要以建设高水平气象人才高地和人才平台为重点，深化人才发展体制机制改革，着力优化人才发展环境，为气象人才创新发展搭建平台。

在"八项重大人才计划"实施层面，气象高层次科技创新人才培养计划，主要是通过优化各类人才的功能定位、扩大青年气象英才支持规模、科学设置人才计划评价周期、健全考核评估激励机制等措施，培养国际一流的气象战略科技人才、科技领军人才，造就具有国际竞争力的青年科技人才；创新团队支持计划，主要通过健全团队牵头人负责制和"军令状"制度，给予经费、项目稳定支持和强化考核评估激励等措施，跨部门、跨地区、跨行业、跨体制调集优秀气象人才组建团队，解决"卡脖子"关键核心技术问题；人才强基计划，主要围绕增强基层气象部门业务服务能力，通过健全国内高级访问研修机制，开展"青年人才下基层"活动，建立新入职高校毕业生基层实习锻炼制度，实施职称"定向评价、定向使用"政策等措施，加强基层气象人才队伍建设；气象人才素质提升计划，主要通过改革优化气象培训体系，完善软硬件设施，强化师资队伍建设等措施，全面提升气象人才队伍整体素质和专业水平，满足气象高质量发展需要；气象人才集聚和引进计划，主要通过实施"气象行业人才荟聚计划"项目、高层次人才引进项目和"一带一路"气象访问学者项目，着力集聚国内外各方面优秀气象人才，助力气象高质量发展，增强我国在"一带一路"国家气象影响力；国际化人才培养计划，主要通过实施气象科技骨干人才海外培养项目和国际组织人才培养推送项目，大力提升我国全球气象业务发展能力，满足参与全球气象治理需求，加快国际化人才队伍建设；气象学科发展引领计划，主要是强化局校合作，建立健全气象人才培养相关机制，推动高校加强大气科学领域学科专业建设和拔尖学生培养，增强气象专业人才供给能力，提升培养质量，以气象高质量发展需求为引领，推进气象学科发展。气象人才高地和平台建设计划，主要是国家级业务科研单位利用自身优势，围绕重点领域建设高水平气象人才高地，在北京、上海、粤港澳大湾区建设高水平气象人才高地，选择一些高层次人才集中的中心城市建设吸引和集聚气象人才的平台。

（三）持续深化气象人才发展体制机制改革

体制顺、机制活，则人才聚、事业兴。贯彻落实中央人才工作会议精神，适应气象高质量发展需求，持续深化气象人才发展体制机制改革，围绕人才培养、引进、使用、评价、激励、流动、保障等关键环节出实招、做实事、求实效，着力激发人才创新创造活力。

一是改革人才管理制度。落实"向用人单位放权、为人才松绑"要求，赋予用人单位更大自主权，允许各省（区、市）气象局、各直属单位（以下简称各单位）自主界定少量高层次人才；允许各单位在岗位结构比例内自行调整下级事业单位岗位设置；允许各单位在干部管理权限内设置条件，规范事业单位领导人员兼任专业技术岗位职务；允许国家级科研院所根据科研活动需要，自主设置、变更和取消内设机构，自主设置和调整岗位，自主聘用工作人员。

二是改进人才培养引进机制。优化人才选拔支持方式，促进人才培养和团队建设的良性互动，形成合理的梯队结构和领域分布。创新青年人才培养机制，采取业务培训、"传帮带"、导师制、短期交流等方式加强对青年人才培养。健全青年人才参与重大科研项目攻关、重大业务工程建设、重大服务保障任务、重要科技活动常态化机制，扩大青年气象英才支持规模。完善高层次人才培养引进机制。注重发挥用人单位引才的主体作用。探索设立人才引进专项资金，健全中国气象局特聘专家制度。

三是完善人才使用流动机制。打通部门人才、行业人才使用障碍，根据重点攻关任务需要，建立跨层级、跨单位调配优秀人才工作机制，推动项目、人才、资金一体化配置。实施"气象行业人才荟聚计划"，健全相关机制，吸引和集聚高校、科研院所、企业等各方面优秀人才参与业务服务攻关、重大工程建设和气象科技创新。建立以信任为基础的人才使用机制，在中国气象局组织实施的科研项目中建立"揭榜挂帅"制度。完善重大业务工程负责人员选配制度，提高中青年骨干人才选配比例。落实按需设岗、竞争上岗、按岗聘用、动态管理要求，健全事业单位人员岗位聘用机制。健全完善事业单位工作人员考核、奖惩、培训机制。

四是健全人才评价体系。坚决破除"四唯"现象，坚决开展"唯帽子"问题专项治理，建立健全以学术道德和创新能力、质量、实效、贡献为导向的，充分体现气象特色和岗位特点的人才评价体系。坚持分类评价，建立健全分层次、分领域、分岗位的人才评价标准。健全天气预报、地球系统数值预报、卫星雷达、气象信息化、应对气候变化等领域成果认定和评价机制，拓展代表性成果范围，推动典型案例评价导向。改革评价方式，科学设置人才评价周期，对气象领军人才、青年气象英才实行支持期评价。

五是强化人才激励保障。健全与岗位职责、工作业绩、实际贡献等紧密联系，充分体现人才价值、鼓励创新创造的分配激励机制。进一步落实中央财政科研经费管理各项改革政策，中央财政科研项目承担单位可将间接费用全部用于绩效支出，并向创新绩效突出的团队和个人倾斜。大力推进气象科技成果向气象业务服务转化应用，对积极推动成果转化并在气象业务服务中取得显著成效的科技成果所有人及主要贡献者，加大绩效激励力度。规范用好科技成果转化收益分配奖励政策，激发气象人才创新创造活力。优化气象人才表彰奖励制度，建立定期奖励与及时奖励相结合的奖励机制，进一步加大优秀人才奖励。

（四）加强党对人才工作的全面领导

坚持党对人才工作的全面领导是保证新时代人才工作沿着正确政治方向前进的根本保证。坚持党管人才原则，就是管宏观、管政策、管协调、管服务，全方位支持、保障、激励、服务、帮助人才，千方百计成就人才。要加强对人才的政治引领，把各方面优秀气象人才集聚到推进气象高质量发展的事业中来。

一是健全人才工作领导体制。坚持党管人才原则，加强党对人才工作的全面领导，做好新时代气象人才工作的宏观谋划和顶层设计。健全党组（党委）统一领导，人事部门牵头抓总，各职能部门各司其职、密切配合，社会力量广泛参与的人才工作格局。完善党组（党委）定期研究人才工作制度，及时解决人才工作中的重大问题。加强督促考核，将人才政策落地、人才投入力度、人才队伍建设、人才项目推进、人才环境优化等纳入各级气象部门目标考核内容，对人才工作设定硬指标、硬任务。

二是强化人才政治引领和政治吸纳。大力弘扬科学家精神，加强对气象人才的政治引领和精神激励，引导广大人才牢记"国之大者"。把做好人才的思想政治工作作为党建工作和人才工作的重要内容。落实党组（党委）联系服务专家制度，关心关爱各类人才，注意听取意见和建议。举办高层次专家国情研修班，建立实施重大决策专家咨询制度，引导广大气象人才坚定理想信念、增进政治认同。大力宣传优秀人才典型，常态化开展"弘扬爱国奋斗精神、建功立业新时代"活动。

三是强化人才服务保障。党组（党委）对人才要做到政治上充分信任、工作上创造条件、生活上关心照顾，要多为人才办实事、做好事、解难事，当好"后勤部长"。要用心、用情、用力做好人才服务工作，帮助解决人才的合理要求，在住房、子女入学、配偶就业等方面提供必要的支持，解决人才后顾之忧。要按照规定做好气象人才工作条件、薪酬待遇、健康体检等保障，加强人文情感关怀，做好人才心理疏导，增强人才的成就感、获得感、归属感。

全面深化改革　推动气象高质量发展

张　力

气象高质量发展是发展问题，也是改革问题。《气象高质量发展纲要（2022—2035 年）》（以下简称《纲要》）围绕国家经济社会发展的需求，围绕人民群众对美好生活的向往，围绕构建科技领先、监测精密、预报精准、服务精细、人民满意的现代气象体系，提出全方位保障生命安全、生产发展、生活富裕、生态良好的目标任务，以气象高质量发展服务国家经济社会高质量发展。发展出题目，改革做文章，实现《纲要》确定的战略目标，完成《纲要》明确的任务举措，对全面深化气象改革提出更高要求。

一、深刻认识全面深化改革对推动气象高质量发展的重大意义

全面深化改革是落实习近平总书记关于气象工作重要指示精神的必然要求。以习近平同志为核心的党中央作出推动气象高质量发展的重大决策部署，国务院出台《纲要》，为深入贯彻落实习近平总书记重要指示精神指明了新坐标。习近平总书记的重要指示，指明了新时代、新阶段气象事业发展的根本方向、战略定

张力，中国气象局政策法规司副司长。

位、战略目标、战略重点、战略任务，是推动气象高质量发展的根本遵循。贯彻习近平总书记重要指示精神，是气象工作的一项长期政治任务。我们要肩负服务国家服务人民、保障生命安全生产发展生活富裕生态良好的重要使命，充分发挥气象防灾减灾第一道防线作用，就必须解放思想、锐意改革，破除一切制约气象科技创新和监测精密、预报精准、服务精细的体制机制障碍。

全面深化改革是气象助力构建新发展格局的根本动力。《纲要》指出，气象高质量发展必须坚持完整、准确、全面贯彻新发展理念，加快构建新发展格局。构建新发展格局，气象发挥作用的空间更广、任务更重、责任更大。我们要在服务和融入新发展格局上展现更大作用，切实强化气象在国家自然灾害防御体系、乡村振兴战略、生态文明建设、"一带一路"建设、国防和军队现代化建设中的职能作用和地位，提升气象服务的国际国内影响力，就必然要求激发改革的动力活力，通过改革解决气象服务供给不强、切入点不深、产品碎片化等问题，通过深化改革打通气象助力构建新发展格局的"堵点"和"淤点"，通过改革优化气象服务供给结构、改善供给质量，提升气象服务供给体系对国内国际需求的适配性，为气象事业在变局中开新局提供强大动力。

全面深化改革是实现气象高质量发展的必由之路。《纲要》对科学谋划气象高质量发展作出部署、提出要求，描绘出到2035年要基本实现以智慧气象为主要特征的气象现代化的远景目标，强调要增强气象自主创新能力、加强气象基础能力建设、筑牢气象防灾减灾第一道防线、提高气象服务经济高质量发展水平、优化人民美好生活气象服务供给、强化生态文明建设气象支撑、建设高水平气象人才队伍等战略任务。当前，推进改革的复杂程度、敏感程度、艰巨程度都不亚于 40 年前，气象自主创新体制机制亟待完善，观测、预报、服务及信息四大支柱业务链各环节还存在脱节，气象服务供给侧结构性"短板"依然存在，气象灾害监测预报预警能力距离国家综合防灾减灾救灾需求还有不小差距，气象人才队伍结构和规模还不能满足高质量发展需求，必须以更大的勇气和智慧趁势而上，破解发展难题，解决发展不平衡不充分问题，开启全面深化气象改革的新征程。

二、准确把握新发展阶段全面深化改革面临的新要求

（一）增强气象科技自主创新能力带来的新要求

创新是引领发展的第一动力，是建设现代化经济体系的战略支撑。《纲要》对"创新驱动发展""气象科技创新"等提出明确要求，围绕"增强气象科技自主创新能力"作出重要部署，为推动气象高质量发展提供了重要指引。提升气象自主创新能力，突破气象关键核心技术，已成为推动气象高质量发展的关键问题。通过深化改革，完善气象科技创新体制机制，健全科技成果分类评价、转化应用和创新激励机制，为加快关键核心技术攻关、增强气象科技创新能力提供有力支撑。通过推动气象科技创新体制机制改革，持续提高气象科技创新体系和创新链整体效能，在关键核心技术创新上取得重大突破，为气象高质量发展增添新的动能和优势。

（二）加强气象基础能力建设带来的新要求

党的十八大以来，气象工作在服务经济社会发展全局的同时，更加注重趋利避害，筑牢气象防灾减灾第一道防线，但气象灾害监测预报预警能力距离国家综合防灾减灾需求还有不小差距。《纲要》围绕强化气象基础能力建设，对建设精密监测系统、精准预报系统、精细服务系统、气象信息支撑系统提出明确要求。落实相关任务，要从推动监测、预报、服务、信息支撑等业务协调发展角度加强改革顶层设计，统筹设计业务发展布局、发展方式、业务结构，构建气象事业发展新格局，推动气象深度融入经济社会各行各业，提升增加群众福祉、服务国家经济建设能力。通过深化改革，推动气象业务质量变革、效率变革、动力变革，优化业务布局，破除深层次体制机制障碍，解决气象精密监测、精准预报、精细服务等业务高质量发展不平衡不充分问题，以实现更高质量、更有效率、更可持续、更为安全的发展。

（三）提升气象服务保障能力带来的新要求

气象服务的质量效益直接关系人民安全福祉和经济社会高质量发展。《纲要》对"筑牢气象防灾减灾第一道防线""提高经济高质量发展气象服务水平""优化人民美好生活气象服务供给""强化生态文明建设气象支撑"作出了系统部署。我们应抓住机遇、攻坚克难，通过改革完善气象服务体制机制，主动融入和服务国家综合防灾减灾救灾、生态文明建设、乡村振兴、区域协调发展，科学应对气候变化，发挥气象趋利避害作用，为建设人与自然和谐共生的现代化赋能献力。通过深化改革，推动气象服务体制机制创新，完善普惠精细的气象服务体系，提高气象服务供给能力和均等化水平，提升气象服务覆盖面和综合效益，优化服务"生命安全、生产发展、生活富裕、生态良好"的质量，为社会主义现代化强国建设提供强有力的气象保障。

三、始终坚持以改革为引领推动气象高质量发展

新时代新征程，加快推动气象高质量发展，就必须坚持以改革为引领，主动求变、勇于求变，统筹推进体制机制创新、科技创新和服务创新，加快推动《纲要》实施。

（一）聚焦关键核心技术，大力推动气象科技体制机制改革

加快推进气象高质量发展，要加快建立以业务需求为导向的科研立项评审机制、以业务转化为导向的科技成果评价机制、以业务贡献为导向的科研机构平台和科技人才团队评估机制，以关键点突破引领气象科技体制机制改革向纵深推进。

一是建立科研项目、平台基地、人才团队、资金投入、科研机构编制、科技改革政策等创新资源一体化配置机制，构建关键核心技术攻关的高效科研组织体系。将重点优势科技资源向承担重大攻关任务的创新主体、平台、基地等集中和倾斜，形成跨单位跨部门的联合攻关机制，加快重点领域和关键环节核心技术突破，构建科技项目实施促进人才成长、人才发展带动科技项目立项的良性循环机制。二是改革气象科学技术研发组织和管理评价机制。加快建立科技"三评"机制，不断强化和持续优化以业务

需求为导向的科研立项评审机制、以业务转化为导向的科技成果评价机制、以业务贡献为导向的科研机构平台和科技人才团队评估机制。探索建立"揭榜挂帅""赛马制"等多元化科技项目组织管理方式。健全气象科技成果汇交共享机制、气象科技成果转化应用和收益分配机制。三是围绕新型业务需要深化气象科研院所改革。深化以"一院八所"为重点的气象科研院所改革，建立一体化学科布局、一体化研发分工、一体化团队建设、一体化考核管理体制。加强国家重点实验室建设，统筹推进与高校、科研院所的高质量合作。推进产学研用深度融合，打造一批气象产业孵化器和产学研资源集聚地。分批建设气象科技创新团队，打造全球重要气象人才中心和创新高地。

（二）瞄准关键问题，全面深化气象业务体制改革

加快推进气象高质量发展，要加快推进全国气象业务布局分工优化调整，推动全国气象业务纵向布局统筹集约、横向分工有机衔接，构建新型气象业务技术体制，瞄准关键问题推进雷达、卫星、空间气象、重大装备保障等业务体制机制改革。

一是推进新型气象业务技术体制的落地。构建由精密气象监测业务、精准气象预报业务、精细气象服务业务和气象信息网络业务"四大业务"组成的新型气象业务技术体制。建立全球覆盖、要素完备、质量可信、开放有序的地球系统数据共享与分析应用体系，推动地球系统数据开放共享与创新应用。完善各类气象数据互动反馈机制，提升观测、预报、服务业务和科研之间的协同性、关联性和一致性。二是推进全国气象业务布局分工优化调整。推动全国气象业务纵向布局统筹集约、横向分工有机衔接。技术研发、产品制作和检验业务向国家级和省级集约，产品应用、检验反馈、气象预警服务、个性化特色化业务服务向市级和县级下沉。推动气象信息网络从"国省联通"的两级架构向"国省协同"的一级架构改革。调整中国气象局直属单位职责分工，整合重复业务，厘清职责边界。探索建立一家牵头多家合作的协同攻关机制和一家运行多家支撑的业务运行模式。三是瞄准关键问题推进雷达、卫星、空间气象、重大装备保障等业务体制机制改革。健全卫星气象业务体系，建立星地一体化全自动业务控制系统。发展智能化的气象雷达技术装备体系和业务运行保障系统，推进雷达气象业务充分融入智慧气象现代化建设。

（三）聚焦高质量服务，持续推动气象服务体制机制改革

加快推进气象高质量发展，要着力改善气象服务供给质量，主动融入和服务现代化经济体系建设，健全气象服务联动和反馈机制，推动以气象预警为先导的防灾减灾应急联动机制建设，推广递进式预报预警服务。

一是持续推进气象服务供给侧结构性改革。强化智慧气象服务，加强气象服务核心技术研发和新技术的融合应用，发展基于影响和风险的精细气象服务体系。推动气象服务数字化、智能化转型，以智能网格实况和预报为基础，建立标准统一的气象服务数据"一张图"。推动气象服务数字化、产品加工自动化、信息推送精准化、按需服务场景化，实现服务业务现代化。依法依

规支持社会力量参与气象服务供给，分类分级开放气象资源，为社会力量开展气象服务提供良好的环境，构建供需适配、主体多元的气象服务格局。二是建立公共气象服务长效机制。建立气象服务需求分析制度，按需提供差异化的气象服务。开展公共气象服务清单研究，制定公共气象服务清单，推进将公共气象服务清单纳入国家公共服务体系。建立气象服务数据开放共享制度，优化气象服务市场环境，鼓励社会力量参与气象服务供给。三是健全气象服务联动和反馈机制。推动以气象灾害预警为先导的防灾减灾应急联动机制建设，推广递进式预报预警服务。推动地方政府建立健全以气象灾害预警为先导的联动制度。优化气象灾害预警发布与传播制度，联合工信、广电等相关部门推动重大气象灾害预警信息快速发布"绿色通道"制度建立和实施。联合应急管理、交通运输、住房和城乡建设、水利、林业和草原、农业农村等部门，制定气象灾害鉴定评估相关业务规范和流程制度。四是建立极端天气防灾避险制度和气象灾害防御措施督促考核机制。开展气象防灾减灾示范省、示范市和综合减灾示范社区建设，推动将气象灾害防御纳入应急管理和基层社会治理体系，提升地方政府及重点企事业单位的气象灾害防御水平。

（四）聚焦管理效能，加快推动气象管理体制机制改革

加快推进气象高质量发展，要坚决落实党中央、国务院各项改革任务，完善与气象法相配套的法规政策体系，强化标准的权威性和约束力，促进和规范社会气象有序发展。

一是强化党中央、国务院各项改革任务落实。持续深化"放管服"改革，全面实行行政许可事项清单管理和证明事项告知承诺制，全面运用"双随机、一公开"监管、"互联网+"监管，推动建立多部门协同监管机制和信息共享机制。持续抓好省级以下气象部门事业单位改革试点工作，加强改革试点效果评估，着力优化国、省、市、县级气象事业单位布局，统筹推进各省（区、市）气象局事业单位改革工作。落实中央财政预算管理一体化改革任务，构建稳定可持续的气象财政保障体系、财务管理体系和内控体系。系统推进气象部门纪检监察体制改革试点工作，以制度建设巩固和拓展改革成果，着力构建系统集成、协同高效的监督机制，形成一级抓一级、层层抓落实的监督工作格局。二是完善气象法规政策体系和标准化体系。推进气象防灾减灾、服务保障生态文明建设、气象监测与数据管理等重点领域立法，加强制度空白点立法。强化标准制度属性，加强标准"研究、立项、制定、应用"的一体化、全周期管理，增强标准的权威性和约束力。三是促进和规范社会气象有序发展。探索优化和完善大型装备的多元化保障模式，鼓励社会资源参与大型装备的保障工作。完善促进气象产业发展的政策和制度，组织编制气象产业发展规划。强化全链条全领域监督管理，推动制修订促进产业发展的新技术、新装备、新数据、新产品等方面的标准。

推进高水平开放合作
构建多方协同发展新格局

宋善允

开放合作，是我国现代化建设不断取得新成就的重要法宝，也是气象事业快速发展的重要经验。《气象高质量发展纲要（2022—2035 年）》（以下简称《纲要》）明确提出，要坚持创新驱动发展、需求牵引发展、多方协同发展，实现气象与国民经济各领域深度融合、气象协同发展机制更加完善。《纲要》明确，要进一步推进开放合作，深化气象领域产学研用融合发展；加强风云气象卫星全球服务，为共建"一带一路"国家气象服务提供有力支撑；加强气象开放合作平台建设，在世界气象组织等框架下积极参与国际气象事务规则、标准制修订。

多年来，气象部门持续推动省部、部际、局校、局企等合作，深化对外开放合作，有力有效促进了气象事业快速发展。

一、开放合作推动气象发展取得显著成效

省部合作发挥中央和地方优势，合力推动气象高质量发展。中国气象局与 31 个省（区、市）人民政府签署合作协议，召开联席会议，实现省部合作全覆盖。落实双重管理体制和双重计划

宋善允，中国气象局办公室主任。

财务体制，气象工作纳入地方党委和政府的全局工作部署及绩效考核，地方各级人民政府出台政策文件加强对地方气象工作的支持，在气象管理、规划项目、经费保障等方面作出安排部署。各地气象部门与地方党委政府共同谋划，印发流域、京津冀、长三角、粤港澳大湾区等区域性气象保障规划，出台地方气象事业发展规划，统筹推进更高水平气象现代化建设。气象防灾减灾组织和应急体系日趋完善，服务保障地方经济社会发展更加有效。

部际合作强化信息共享和联合攻关，联动保障服务国家重大战略。气象部门与自然资源、生态环境、农业农村、应急管理、商务、民政、水利、林业等 36 个部门建立了常态化的沟通联络机制。跨部门、跨学科联合研究，开展技术开发、平台建设和产品研制，提升专业气象服务产品的针对性和有效性。联合相关部门开展气象服务试点，以点带面推动业务发展，并在国际事务中积极贡献中国智慧。推动相关行业气象探测设施逐步纳入国家气象观测网络，逐步实现各行业气象观测数据的共享互补、融合应用。加强气象科普部门协作，打造高质量的气象科普品牌。共同认定 16 个国家气象科普基地，共同举办 5 届气象科技活动周和13 届"气象防灾减灾宣传志愿者科普行"活动。

局校合作搭建创新平台和人才摇篮，融合提升气象产学研用科技创新能力。与北京大学、南京信息工程大学、成都信息工程大学等 55 所高校开展本科生、硕士生、博士生及博士后人才联合培养。与高校共同承担的科研项目总数逐年增加，围绕数值预报、灾害性天气、大气化学、大气探测、专业气象服务等领域开展的合作研究取得丰硕成果。推动高校科研成果在气象部门转化应用，有力促进了天气预报、生态与农业气象、卫星遥感、气象信息、环境气象等业务技术体系发展。联合设立 4 个部门重点实验室、10 个联合实验室及 4 个大气科学联合研究中心，推动相关区域气象科技合作、学科建设和人才培养。

局企合作强化需求牵引和供给适配，互动提高气象保障服务效益。持续深耕重点领域气象服务，先后与国家电网、三峡集团、国铁集团、人保集团、中国商飞、国能集团等 15 家企业合作，围绕企业多元化个性化服务需求，开展专业气象观测站点建设、关键技术攻关、系统平台及服务产品研发，有效强化了气象服务供给，在能源、交通、保险三大国计民生重点领域气象服务方面取得了显著的社会效益和一定的经济效益。将企业作为重要力量纳入国家气象科技创新体系，培育具有全球竞争力的世界一流气象企业和若干个具有较强竞争力的龙头企业，提高核心竞争力。引导和支持企业参与气象重大国际会议、国际技术交流活动。

积极参与国际治理，我国气象国际地位和全球影响力日益提高。自 1972 年 2 月 24 日世界气象组织（WMO）恢复中国合法席位以来，长期担任世界气象组织执行理事会成员、政府间气候变化专门委员会工作组联合主席、台风委员会气象工作组组长及相关秘书处高级职务，承担 26 个世界气象组织国际或区域中心，并被 WMO 认定为世界气象中心（北京），积极参与几乎所有的国际重要气象活动和重大规则的制定，增强了全球影响力和话语权。与 160 多个国家和地区开展气象科技合作和交流，为发展中国家提供气象科技援助。近年来，贯彻落实习近平总书记关于风云气象卫星服务"一带一路"的重要指示精神，联合国防科工局印发实施专项行动方案，风云气象卫星纳入全球业务应用气象卫星序列，国际用户增至 124 个，防灾减灾应急保障机制用户增至 30 个，成为中国特色大国外交的闪亮名片。

二、气象开放合作面临的机遇和挑战

气象高质量发展要求气象部门推进更深更广的开放合作，深入参与全球气象治理，扩大国际朋友圈，不断提升中国气象的国际竞争力和影响力。随着国际社会对中国的期待越来越大，中国参与全球气象治理面临新的机遇和挑战。

国内合作的广度和深度还存在一定差距。**一是**总体谋划和统筹协调还不够。合作还未能完全纳入气象高质量发展的大局进行整体谋划。规范化管理还有差距，合作形式和机制需要进一步创新。**二是**推进落实还不平衡不充分。气象部门开放合作的主动性、积极性还不够，走出去、请进来的力度还不足；部分省份开展省部合作的实效性、特色性不够突出，跨部门行业信息共享在实际业务中还存在不到位不充分的情况，与相关高校的合作关系也存在较大的差异；建立合作的企业还不够广泛，气象服务产品的针对性和专业化还不够。**三是**合作成效有待进一步加强。对合作协议没有建立有效的考核评估机制，存在落实协议的主体责任不清晰、协议落实不及时等问题。**四是**合作范围有待进一步拓展。优化与学会、协会等团体组织及民航、兵团等对气象有较大需求部门的开放合作。

三、构建多方协同发展新格局

进一步完善"党委领导、政府主导、部门联动、社会参与"的工作机制，持续深化开放合作，充分调动各级各方力量和资源，最大限度释放动力、激发活力、形成合力，共同推动气象高质量发展。

（一）加强统筹谋划，推动省部合作更加规范有效

一是高度重视，强化对省部合作的谋划推动。统筹推进新一轮省部合作全覆盖。聚焦《纲要》和《全国气象发展"十四五"规划》实施，推动气象工作保障政策、重大项目、建设资金进一步落实，使省部合作成为气象高质量发展的重要抓手。**二是**精心谋划，确保合作内容更加符合实际、更可操作、更加协同。以满足地方经济社会发展需求为重点深化合作，在气象支撑发展领域联合科技创新，谋划全面融入国家重大战略实施，加快推进气象现代化建设。**三是**发挥优势，推动合作效益更加凸显。充分发挥气象部门双重领导管理体制和双重计划财务体制优势，调动中央和地方积极性，中央投资带动地方投资参与气象工程建设，促进地方气象高质量发展。

（二）强化需求导向，推动部际合作更加务实有力

一是抓住重点领域，实施供给侧结构性改革。针对智慧城市建设、城市气象防灾减灾、减缓和适应气候变化等国家重点领域

加强对接分析，优化产品结构，打造龙头产品。二是联合攻关，提高气象服务科技内涵。联合开展科研项目研究、技术开发、平台建设和产品研制，提高气象服务产品的科技内涵。建立由气象和不同部门不同领域专家组成的气象服务专家库，为气象服务发展顶层设计和科技研发提供咨询支持。三是完善机制，提高部门合作的水平和效益。加强沟通走访，提高部际合作层级，拓展合作广度和深度。

（三）提高转化成效，推动局校合作更加融合深入

一是加强气象部门与高校的紧密合作，把局校合作工作融入气象高质量发展的总体布局，发挥高校作用。围绕气象高质量发展中的核心技术开展联合攻关，积极推动高校科技成果在气象部门转化应用。二是推进科教资源共建共享共用，建设高素质气象师资队伍，优化气象相关专业和人才结构，创新联合培养研究生机制，提升气象人才培养质量，构建气象人才招生、就业长效机制。三是联合开展气象科普宣传，共同推进气象国际合作与交流。四是健全成果转化机制，发挥好中试基地密切联系科研与业务的桥梁纽带作用，创新激励机制，激发科技人员主观能动性，为气象高质量发展提供科技支撑。

（四）创新供需适配模式，推动局企合作更加有序高效

一是建立面向国计民生重点领域天气高敏感行业的"气象+"服务模式，推动服务方式更加多元化，服务专业化、数字化、精细化，形成一支能够满足国家重大战略保障的高水平专业气象服务队伍，推动气象深度融入社会各行各业。二是根据企业特点和气象部门实际，采取"一企一策"方式，为企业避灾减损、提质增效量身打造定制式、伴随式气象服务，切实提高用户黏性，不断提升气象服务的适配性和融入度。三是加强面向企业需求的气象应用技术创新，联合推进人工智能、大数据、云计算、5G、物联网等新技术在专业气象服务领域的应用，发展基于场景、基于影响的气象服务技术，提供数字化、自动化、智能化的气象服务。

（五）持续扩大影响力，更好服务保障"一带一路"建设

一是提升风云气象卫星全球服务能力。基于风云三号和风云四号"组网观测，在轨备份"业务布局和未来的第三代静止和极轨气象卫星，持续提升高精度的风云气象卫星全球监测能力。通过风云卫星数据网、中国气象局卫星数据广播系统（CMACast）等途径对外分享更高质量的气象灾害监测预警产品。二是不断完善风云卫星国际用户防灾减灾应急保障机制，提高防灾减灾能力。探索与"一带一路"沿线国家共建风云气象卫星国际应用示范中心等新型国际合作创新平台。三是通过国际用户大会、国际培训班等方式做好风云卫星国际技术支持和培训。不断扩大风云气象卫星国际影响力，有效提升我国负责任大国的国际形象。

（六）加强开放合作平台建设，不断提升全球治理能力和水平

一是统筹协调国内国际工作，服务国家总体外交和气象事业发展。积极建设以世界气象中心（北京）和风云卫星为龙头的

中国气象国际服务平台和名片，持续提升全球监测、预报、服务能力。在世界气象中心（北京）运行办公室下进一步加强各中心的工作联动，整体推动对外开放合作。推动与重点国家重要机构在重点领域的互利共赢的双边合作，充分利用已有的中国—东盟气象合作论坛、中亚气象科技研讨会等机制，推动与重点区域国家的多双边合作。充分发挥粤港澳气象合作机制的作用。**二是**积极打造高质量的国际兼职专家团队，加大对国际组织兼职专家的管理和激励机制建设。不断提升中国专家和代表参与气象国际治理的能力和水平，争取在相关国际组织的技术委员会、区协等各层级机构、科学计划的领导或核心岗位。**三是**主动参与国际规则制定，推动制定符合发展中国家及中国自身利益特别是核心利益的国际规则。积极参与标准制修订，跟踪和引领全球气象业务发展，将中国意见纳入新标准，推动国际国内标准的衔接，使新的标准更加符合中国气象的未来业务发展方向。

（七）深化跨部门国际合作，积极扩大气象国际朋友圈

中国气象局牵头开展的国际合作涉及气象、水文、气候和气候变化、海洋气象、民航气象、农业气象、交通气象、教育、对外援助等多个专业领域多个部门。未来**一是**将在国家总体外交框架下，积极承担中国气象局在相关国际组织的部门牵头作用，加强与相关部门的合作对接，共同提升中国在 WMO、IPCC、台风委员会等相关国际组织的国际影响力。**二是**继续加强与世界气象组织、台风委员会、欧洲中期天气预报中心、欧洲气象卫星开发组织、亚太空间合作组织等全球和区域组织的合作。不断深化与

亚洲和非洲国家的气象合作，拓展与太平洋岛国、南美洲、欧洲国家的合作。**三是**提升区域培训中心的国际培训班质量和水平。分享中国气象事业发展经验和理念，传播中国文化，吸引更多的国际学员参加中国举办的气象国际培训班。继续在 WMO 推动针对发展中国家的气象奖学金项目。**四是**加大气象国际宣传力度。

进入新时代踏上新征程，我们将以习近平新时代中国特色社会主义思想为指导，贯彻落实习近平总书记关于气象工作重要指示精神，深化开放合作，强化多方协同，扎实推动气象高质量发展，为实现中华民族伟大复兴的中国梦作出新的更大的贡献。

科学设计重大工程　统筹集约抓好实施

曹卫平

重大工程建设是持续提高气象现代化水平的重要抓手，是推动气象高质量发展的重要支撑。《气象高质量发展纲要（2022—2035年）》（以下简称《纲要》）强调，要建设精密气象监测系统、精准气象预报系统、精细气象服务系统和气象信息支撑系统。《纲要》要求将气象高质量发展纳入相关规划，统筹做好资金、用地等保障，特别指出要在京津冀协同发展、长江经济带发展、粤港澳大湾区建设、长三角一体化发展、黄河流域生态保护和高质量发展等区域重大战略实施中，加强气象服务保障能力建设，提供优质气象服务；鼓励东部地区率先实现气象高质量发展，推动东北地区气象发展取得新突破，支持中西部地区气象加快发展，构建与区域协调发展战略相适应的气象服务保障体系。

一、认识重大工程建设重要意义，发挥工程建设综合效益

中国气象局党组贯彻落实党中央、国务院重大决策部署，心怀"国之大者"，推动气象现代化建设和高质量发展，将高质量气象现代化建设落实到重大工程布局和建设中，不断提高气象服

曹卫平，中国气象局计划财务司司长。

务国家重大战略、服务人民的能力。

（一）重大工程是发挥气象社会公益事业作用的基石

《纲要》开篇提出，气象是科技型、基础性、先导性的社会公益事业。中国气象局始终坚持以人民为中心的发展思想，紧紧围绕国家发展和人民需求，开展一系列气象重大工程建设。建立健全气象防灾减灾机制和国家突发事件预警信息发布系统，气象预警信息公众覆盖率达96.9%，气象灾害造成的经济损失占GDP比例由20世纪90年代的3.4%下降到2021年的0.29%，气象防灾减灾第一道防线作用充分发挥。主动服务和融入乡村振兴、"一带一路"、区域协调发展等国家重大战略和交通、农业、水利、海洋、能源、旅游等国民经济各行各业。构建覆盖多领域的生态文明气象保障服务体系，建立世界上规模最大的现代化人工影响天气作业体系。气象服务的经济效益、社会效益、生态效益显著，公众气象服务满意度达92.8分。面对人民群众日益增长的气象服务需求，必须将全方位保障"生命安全、生产发展、生活富裕、生态良好"作为气象工作的根本着力点和根本要求，以建设"人民满意"现代气象体系作为气象高质量发展的根本目标和核心要求，通过开展重大工程建设，织就服务亿万人民美好生活的幸福网，充分发挥气象社会公益事业作用。

（二）重大工程为气象高质量发展提供坚实基础

《纲要》明确提出"加快推进气象现代化建设，努力构建科技领先、监测精密、预报精准、服务精细、人民满意的现代气象体系"和一系列重大工程项目，为未来高质量发展指明了方向。

党的十八大以来，气象部门中央预算内投资规模持续增长，通过实施气象卫星、气象雷达、山洪地质灾害防治气象保障、海洋气象综合保障、区域人工影响天气能力建设、气象信息化系统、基层台站等一系列全局性气象重大工程，提升我国气象基础能力，接近世界先进水平。其中，全国地面气象观测站覆盖率达99.6%，成功发射19颗风云系列气象卫星，建成了全球最大的综合气象观测网；实施国家气象科技创新工程，研发建立区域/全球一体化的数值天气预报业务体系，高性能计算能力提高8倍，全国暴雨预警准确率达到89%。《纲要》为"十四五"期间及后续重大工程提供了立项依据，指导科学加强气象业务基础能力，为建设气象强国积累坚实基础，为创新发展注入充沛动力。

（三）重大工程为掌握核心技术和培养人才创造条件

《纲要》在发展目标中提出，到2025年，气象关键核心技术实现自主可控；到2035年，气象关键科技领域实现重大突破，国际竞争力和影响力显著提升。《纲要》在建设任务中单列增强气象科技自主创新能力、建设高水平气象人才队伍两项任务，并提出建立数值预报等关键核心技术联合攻关机制，推动气象重点领域项目、人才、资金一体化配置。通过实施重大工程，把核心技术掌握在自己手中，自力更生才能真正掌握竞争和发展的主动权，才能从根本上保障国家气象安全。实施重大工程，将培养一大批高层次科技创新人才、创新团队，也将吸引优秀人才助力气象高质量发展，贯彻落实"聚天下英才而用之"的要求。正是因为长期持续实施重大工程，我们逐步掌握了卫星、数字化网格预报、温室气体监测评估等关键核心技术和高端人才，才能打造出中国气象卫星、数值预报模式等国际名牌；才能够确保全球气候变化评估结论的科学性、客观性、平衡性，服务国家积极参加联合国气候变化框架公约谈判，深度参与国际气候治理，贡献中国智慧，推动构建人类命运共同体，有力支撑应对气候变化内政外交。

二、落实习近平总书记重要指示，科学谋划设计重大工程

习近平总书记关于气象工作的重要指示，深刻彰显了我们党坚持以人民为中心的发展思想和全心全意为人民服务的根本宗旨，明确了新时代气象工作的战略定位、战略目标和战略任务，为气象事业高质量发展指明了前进方向、提供了根本遵循。气象工作要完整、准确、全面贯彻新发展理念，适应新形势新要求，切实提高气象发展的质量和效益，就必须大力加强气象现代化建设。谋划和实施国家重大气象工程，是增强气象服务保障国家战略能力、推动气象高质量发展的重要举措。《纲要》以监测精密、预报精准、服务精细为主题，谋划了三个关键能力提升方向，也为重大工程立项提供了依据。

（一）准确把握重大工程立项方向

一是监测精密方向。综合监测是提高预测预报精准度的物质基础。《纲要》提出，到2035年，结构优化、功能先进的监测系统更加精密。加快完善气象监测设施装备体系，实现气象监测的

"广覆盖、细分辨、高精度、深应用"，获取全时全域全要素的高清实况。

二是预报精准方向。预报预测是气象部门的立业之本、事业之基，是气象业务的"龙头"。《纲要》提出，到2035年，无缝隙、全覆盖的预报系统更加精准，构建精准气象预报系统并逐步形成"五个1"的精准预报能力，即实现提前1小时预警局地强天气、提前1天预报逐小时天气、提前1周预报灾害性天气、提前1月预报重大天气过程、提前1年预测全球气候异常。

三是服务精细方向。筑牢防灾减灾救灾防线，确保人民生命财产安全，推动经济社会高质量发展，统筹好发展与安全，满足人民群众日益增长的多样化、个性化需求，应对气候变化，加强生态文明建设，都迫切需要提高气象服务保障能力和水平。《纲要》提出，到2025年，气象服务供给能力和均等化水平显著提高；到2035年，以智慧气象为主要特征的气象现代化基本实现。气象与国民经济各领域深度融合，气象服务覆盖面和综合效益大幅提升，全国公众气象服务满意度稳步提高。

（二）科学谋划设计系列重大工程

一是气象卫星工程。优化完善第二代风云气象卫星观测系统，发展第三代风云气象卫星观测系统，发展集约高效智慧的地面应用系统等建设。实施风云三号03批气象卫星工程，研制风云三号03批晨昏星（已发射）、上午星、下午星、降水星4颗卫星。实施风云四号02批气象卫星工程，研制风云四号02星和风云四号03星2颗卫星。

二是气象雷达工程。继续实施既有新一代天气雷达技术升级和双偏振技术改造，发展大型相控阵天气雷达示范网；继续完善气象雷达网和气象雷达应用系统、保障系统、培训系统能力建设。形成布局合理、频率使用高效、监测有效的国家天气雷达观测网。

三是气象观测站网工程。推进气象观测站网升级迭代，基本建成国家天气、气候及气候变化、专业气象和空间气象四类观测网。增补视程障碍天气现象仪、固态降水仪。新建更新补充六到八要素为主的自动气象站。增加探空站北斗导航探空功能，新建北斗导航全自动探空站。新建、升级国家气候观象台，更新建设大气本底站。

四是生态气象保障能力提升与气候变化监测评估系列工程。构建覆盖"三区四带"国省市县四级生态气象监测、评估、预报、服务业务能力和完善的生态气象业务体系。建设"三区四带"等重点区域生态气象监测评估系统和生态安全气象风险预警系统；升级气候变化影响评估系统，建设气候安全早期预警系统；打造面向国家大型清洁能源基地的气象服务保障样板。

五是气象灾害监测预报预警服务工程。构建具有多种时空尺度、多圈层耦合的数值预报业务模式体系，建设无缝隙智能化的气象灾害精准预报预警体系。加强长江、黄河等重点流域预报以及台风、暴雨、强对流等监测预报预警能力建设。开展气象灾害风险普查和风险区划及应用，完善国家突发事件预警信息发布系统，建立分众式气象服务系统和模式，建设现代综合交通服务系统。加强全国气象科普宣传教育和气象文化基地建设，建立气象宣传科普业务平台。

六是气象信息化系统工程。加快新一代信息技术在气象领域的深度融合应用，加快推进数字气象建设。建设地球系统大数据平台，升级迭代气象数字基础设施，加强大气仿真模拟和分析，建设气象数据资源、信息网络和应用系统安全保障体系，推动气象业务系统的统筹集约发展。开展气象高性能计算系统迭代工程，建设海量数据处理平台与气象数据传输网。

七是海洋气象综合保障工程。加强海洋气象基础设施建设，建设海洋气象综合观测系统及配套保障体系、海洋气象灾害监测预警系统、海洋气象数值预报系统和海洋气象服务系统，发展远洋气象导航。促进海洋气象共建共享，全面增强海洋气象预报预警和保障服务水平，实现海洋气象业务跨越发展。

八是区域人工影响天气工程。加强人工影响天气能力建设，建立云水资源立体探测系统，推进作业装备升级迭代，完善人工影响天气一体化业务系统和作业指挥平台。继续推进中部区域工程建设，加快实施西南、华北、东南区域人工影响天气工程；鼓励、引导并积极支持具有地方特色的人工影响天气工程。

九是气象基层台站建设工程。打好气象台站综改攻坚战，加强气象台站运行环境建设，开展标准化气象台站业务平台建设，加强台站业务系统运行环境建设，改善气象台站工作生活环境，加强台站安全生产基础建设，建成一批规划科学、布局合理、功能完备、智慧高效、环境友好、绿色安全的现代化气象台站。

此外，统筹推进区域和省级重点工程。充分发挥双重计划财务体制优势，调动中央和地方的积极性，按照地方投入为主的原则，在气象防灾减灾、赋能经济各个领域、服务生态文明建设、为农服务、超大特大城市保障、人工影响天气、服务海洋强国战略、服务区域协调发展战略等重点领域，统筹谋划推进区域和省级重点工程建设。继续支持新疆、西藏和青海、四川、云南、甘肃等地气象现代化能力提升工程建设。支持围绕京津冀协同发展、长江经济带发展、粤港澳大湾区建设、长三角一体化发展、黄河流域生态保护和高质量发展、雄安新区建设、成渝地区双城经济圈等国家区域战略，设计实施符合区域协调发展需求的气象保障工程。

三、坚持系统观念，统筹集约实施重大工程

围绕国家和区域重大战略，协调推进落实相关重要规划、气象重大工程以及专项方案的落地实施，建立重大关键问题的协调沟通工作机制，强化《纲要》各项建设任务经费统筹安排。

（一）健全规划建设体系，立项实施气象重大工程

一是健全规划体系为重大工程立项提供依据。实施好《纲要》，必须加强党的全面领导，不断提高政治判断力、政治领悟力、政治执行力，把党的领导贯穿《纲要》实施的各领域和全过程。《纲要》是实施气象重大工程的立项依据。逐步健全统一规划体系，加快建立健全围绕《纲要》并以国家级总体规划为统领，以专项规划、区域规划为支撑，由国家级、省级规划共同组

成定位准确、边界清晰、功能互补、统一衔接的国家气象规划体系，为重大工程立项提供权威依据。

二是构建气象建设性规划总体框架。《纲要》与相关规划是有机统一整体，要按照短期政策与长期目标衔接配合的要求，科学组织谋划气象发展五年规划和各专项规划，将《纲要》中确定的各项任务细化分解到不同的规划期；设置阶段目标并做好阶段间综合平衡，合理确定五年规划、年度建设工作重点，编制相应的重大工程项目和储备工程，积沙成塔，逐步落实重大能力提升任务。按照国家发展改革委《气象基础设施中央预算内投资专项管理办法》，计划在"十四五"期间初步建立起"8+N"的建设规划框架。一是 8 个建设性专项规划，包括《生态保护和修复支撑体系重大工程建设规划（2021—2035 年）》《"十四五"全国人工影响天气发展规划》《气象信息化发展规划（2018—2022 年）》《海洋气象发展规划（2016—2025）》《我国气象卫星及其应用发展规划（2022—2035 年）》《综合观测业务发展"十四五"规划》《"十四五"气象灾害预报预警能力提升建设规划》《"十四五"气象台站基础能力提升建设规划》。二是 N 个建设性区域规划，包括《粤港澳大湾区气象发展规划（2020—2035 年）》《长江三角洲区域一体化发展气象保障行动方案》《京津冀协同发展气象保障规划》《雄安新区智慧气象发展规划（2020—2035 年）》《"十四五"黄河流域生态保护和高质量发展气象保障规划》等。

三是强化气象高质量发展的项目和资金保障。实现《纲要》目标任务，应进一步健全实施保障机制，提升实施效能。按照

"规划跟着战略走、项目跟着规划走、资金要素跟着项目走"的要求，推动气象重大工程项目立项实施、落地见效，确保《纲要》实施取得成效。结合《纲要》贯彻落实，同步开展工程设计、拟建项目储备研究；全面梳理现状、发展需要，摸清存量、估准增量。结合落实"十四五"规划，督导各省（区、市）气象局全面落实地方投资，充分发挥中央投资的带动作用，有效调动地方政府参与气象工程建设的积极性。通过区域专项建设，探索以地方投入为主、中央直接补助地方的资金投入新模式，进一步拓展投资渠道。从谋长远的角度，对照《纲要》在"十五五""十六五"期间的建设任务，将继续完善气象工程项目体系，滚动更新建设性规划，迭代开展工程项目建设，立足现有规模，积极争取投资增量。

（二）优化投资结构，完善升级迭代及运行维护机制

一是建立全领域升级迭代机制。可持续发展是高质量发展的题中之意，中央预算内投资不断加大对气象业务能力建设的支持力度，投资体量近三年增长 156%。中国气象局联合国家发展改革委编制《综合观测业务发展"十四五"规划》，全面系统梳理气象观测业务现状及需求，探索建立观测系统（重大装备）的升级迭代机制，基本上解决曾长期困扰的观测设备定期更新、升级问题，形成可持续发展的政策环境。按照《新型气象业务技术体制改革方案（2022—2025 年）》要求，逐步整合并形成国省市县四级布局合理、界限清晰、功能完善的业务系统总体框架，探索在预报服务、信息网络等领域建立业务平台、系统升级迭代机制。

二是探索建立建设经费涵盖设备全寿命周期备品备件及巡查巡检费用机制。在气象观测设备领域全面形成新的运行维持机制，结合实施气象监测预警补短板工程，出台设备建设及质保指导意见，对经费划分提出原则性意见，明确建设经费涵盖设备全寿命周期内备品备件以及巡查巡检费用。在预报服务系统建设项目探索建立统筹解决系统软件功能日常升级改造经费的机制，从建设机制层面有效缓解维持经费不足的问题。各省（区、市）气象局在谋划省级重大工程项目过程中，应当加强顶层设计，综合考虑建设和运行维持需求，按照气象监测预警补短板工程新上设备建设及质保指导意见确定的资金测算原则，结合设备定额标准，在测算主要设备经费时一并纳入设备全寿命周期内备品备件、巡检巡查等费用。

三是建立和完善工程项目建设标准体系。为切实发挥好升级迭代及运行维护机制的作用，提高气象重大工程项目的管理水平，中国气象局积极推动建立和完善工程项目建设标准体系，参照《综合气象观测业务发展"十四五"规划》中观测设备投资标准、典型设计应用，制定标准规范气象各领域设施设备类别、配置数量、价格区间、最低使用年限等相关建设内容新建、升级迭代等，促进气象工程项目投资决策的标准化、科学化，进一步提高财政资金使用效益。

全面推进气象法治建设
保障气象高质量发展

周韶雄

在我国开启全面建设社会主义现代化国家新征程之际，以习近平同志为核心的党中央作出推动气象高质量发展的重大决策部署，国务院印发《气象高质量发展纲要（2022—2035 年）》（以下简称《纲要》），系统部署我国气象高质量发展工作，绘就了到 2035 年的气象高质量发展蓝图。《纲要》对加强气象法治建设提出了明确要求，为新时期全面推进气象法治工作指明了方向。立足新发展阶段，认真贯彻落实《纲要》的工作部署是当前和今后一个时期推进气象法治建设的重要任务。

一、深刻认识气象法治建设对推进气象高质量发展的重要意义

法治是治国理政的基本方式，标准是国家基础性制度的重要方面，在推进国家治理体系和治理能力现代化中发挥着固根本、稳预期、利长远的保障作用和基础性、引领性作用。全面推进气象法治建设，事关气象更好保障经济社会发展和人民安全福祉，事关气象防灾减灾、应对气候变化、公共气象服务和气象行政管

周韶雄，中国气象局政策法规司副司长。

理职能的全面履行，事关加快推进气象高质量发展和全面推进气象现代化。

中国气象局党组历来高度重视气象法治，将法治建设作为气象事业的重要方面大力推进，取得了明显成效。建立起以《中华人民共和国气象法》为主体，3 部行政法规、39 部部门规章、116 部地方性法规、141 部地方政府规章组成的气象法律法规体系；出台了一系列气象行政执法制度，形成以日常检查、专项检查、联合监管、"双随机、一公开"监管、"互联网＋监管"等多方式、多手段的行政监督检查机制，依法履职能力不断增强；建立了较完善的气象标准化制度体系、较完备的气象标准化技术支撑体系、较系统的气象标准化协同机制，形成涵盖气象防灾减灾、应对气候变化、公共气象服务、生态气象等 14 个专业领域，由国家标准、行业标准、地方标准、团体标准组成的气象标准体系。特别是党的十八大以来，围绕贯彻落实习近平法治思想和全面依法治国决策部署，围绕落实习近平总书记关于气象工作重要指示精神，气象法治工作进一步强化顶层设计，推进制度建设，法规标准体系不断健全，科学民主依法决策机制逐步完善，行政执法能力不断加强，气象法治环境明显改善，气象法治在气象治理中的引导、推动、规范和保障作用日益彰显，为气象事业健康发展筑牢了坚实根基。

《纲要》围绕国家经济社会发展的需求，围绕人民群众对美好生活的向往，科学谋划了气象高质量发展的目标任务，提出了气象服务保障生命安全、生产发展、生活富裕、生态良好以及气象要为经济社会高质量发展提供全方位服务保障的主要任务。实现这一目标任务，需要完善的气象治理体系予以支撑，需要气象法治在气象治理中更好地发挥基础性、保障性作用。气象工作进入高质量发展阶段，各项工作要实现固根基、扬优势、补短板、强弱项、利长远的发展要求，离不开高质量的气象法治保障。因此，要推动气象法治建设与气象现代化建设、气象改革发展深度融合，统筹谋划、协调同步、共同推进，确保气象高质量发展行稳致远。

二、准确把握气象法治建设面临的新形势新要求

新的历史时期，气象工作落实新发展阶段各项要求，完整、准确、全面贯彻新发展理念，主动服务和融入新发展格局，制度之治是应对风险挑战、推动气象高质量发展最基本最稳定最可靠的保障。进入新发展阶段，气象法治建设面临的形势发生了变化，既有机遇、也有挑战，需要深刻认识，准确把握。

（一）党中央、国务院重大决策部署对气象法治建设提出了新要求

党中央高度重视法治工作。党的十八大以来，以习近平同志为核心的党中央推动我国社会主义法治建设发生历史性变革、取得历史性成就。在这一进程中，习近平总书记创造性地提出了关于全面依法治国的一系列新理念新思想新战略，形成了习近平法治思想。习近平法治思想是新时代全面依法治国的根本遵循和行动指南。为贯彻落实习近平法治思想，系统推进全面依法治国，党中央、国务院先后印发了《法治中国建设规划（2020—2025年）》《法治政府建设实施纲要（2021—2025年）》《法治社会建

设实施纲要（2020—2025）》，确立了"十四五"时期全面依法治国总蓝图、路线图、施工图。气象法治是中国特色社会主义法治体系的重要组成部分。党中央、国务院关于依法治国的一系列决策部署，对气象法治建设提出了新的要求。立足新发展阶段，实现气象高质量发展，必须也必然要以习近平法治思想为根本遵循，以"一规划两纲要"为行动纲领，布局法治，厉行法治，在法治轨道上推进气象治理体系和治理能力现代化。

以习近平同志为核心的党中央同样高度重视标准化工作。党的十八届二中全会明确将技术标准体系建设作为基础性制度建设的重要内容。党的十九大明确指出"瞄准国际标准提高水平"。2021年10月，党中央、国务院颁布《国家标准化发展纲要》，从国家基础性制度、国家治理体系和治理能力现代化的高度，开启了标准化事业发展的新征程，明确了标准化工作的新方位，提出了标准化改革的新路径，确立了标准化开放的新格局。气象标准化是国家基础性、公益类标准化体系建设不可或缺的重要内容。党中央、国务院关于加强标准化工作、深化标准化改革的决策部署，为气象标准化工作指明了方向、创造了条件、鼓足了干劲，也提出了新的要求，必须全面贯彻落实、全力组织实施，推动气象标准化与气象改革发展深度融合，助力高技术创新，促进高水平开放，引领高质量发展。

（二）推动气象高质量发展战略部署对气象法治建设提出了新要求

气象事业是科技型、基础性、先导性社会公益事业，在国家经济社会高质量发展中担负着全方位服务保障作用。《纲要》提出，要面向国家重大战略、面向人民美好生活、面向世界科技前沿，把为生命安全、生产发展、生活富裕、生态良好提供高质量服务作为发展导向，坚持创新驱动发展、需求牵引发展、多方协同发展，将推进气象现代化建设作为贯穿高质量发展的主线，努力构建科技领先、监测精密、预报精准、服务精细、人民满意的现代气象体系，充分发挥气象防灾减灾第一道防线作用。实现这些任务目标，需要更加健全的法规标准予以护航保障，需要更加完备的依法履职能力和管理水平予以助力加速，因此贯彻落实《纲要》也对全面推进气象法治提出了新要求，必须将气象法治工作放在服务经济社会发展大局和气象高质量发展全局中谋划推进，提高运用法治思维和法治方式深化气象改革、保障气象事业发展的能力，充分发挥好标准在推动气象高质量发展中保安全、保质量和促发展的多轮驱动作用。

（三）总结实践经验、助力改革发展对气象法治建设提出了新需求

自《中华人民共和国气象法》颁布实施以来，我国气象事业获得了长足发展，取得了显著成效，气象工作取得了一些成功经验，一些重点领域改革取得重大突破，如人工影响天气工作快速发展，在服务农业生产、防灾减灾救灾、生态文明建设和重大活动保障等方面发挥了重要作用；气象防灾减灾主动与国家自然灾害防御体系配套衔接，全面提高全社会气象灾害防御能力；气候资源合理利用，有效助力生态文明建设；气象科技创新激发创造活力，有力推动气象高质量发展等。这些实践经验亟须以法律制度的方式固化下来，通过立法引领气象事业发展。与此同时，推进新型气象业务技术体制改革、完善气象科技创新体制机制、深化气象服务供给侧结构性改革、建立行业气象统筹发展体制机制、深化气象领域产学研用融合发展、健全气象防灾减灾体制机制、强化生态文明建设气象支撑等重点改革发展任务，也需要高标准的支撑，需要加强基础性、关键性气象标准的制定和实施，强化标准的权威性和约束力，用标准解答"如何为"和"怎样更好"的问题，使标准成为履行行业主管职责、推动高质量发展的基础保障。

（四）解决矛盾焦点问题对气象法治建设提出了新需求

立足新发展阶段，对标气象高质量发展要求，气象法治建设距离依法保障气象高质量发展还有较大差距，仍存在一些短板和不足，主要表现为：气象干部职工法治素养和标准意识还有待提升，气象法规标准体系还不完善，气象法定职责履行还不到位，气象行政执法工作体系还不健全，防雷、升放气球和人工影响天气作业安全监管能力还有待提高，气象标准的权威性和约束力还有待强化等。解决这些问题、补齐这些短板，需要准确把握发展形势和要求，把贯彻落实《纲要》作为一项重要政治任务，同时也作为加强气象法治建设的重大机遇，在现有工作和成效的基础上进一步加强对气象法治工作的统筹谋划和顶层设计，坚持问题导向、精准发力，有的放矢地提出有针对性的工作举措，不断完善相应工作机制，持续提升气象法治保障气象高质量发展的能力和水平。

三、奋力开创保障气象高质量发展的法治建设新局面

《纲要》为气象高质量发展擘画了蓝图，锚定了目标，加快推动气象高质量发展，需要持续加强气象法治建设，从完善法律法规体系、推进全面依法履职、强化安全监管和健全标准体系等方面统筹推进，协同发展，护航保障。

（一）聚焦立法重点领域和机制建设，完善气象法律法规体系

紧扣气象高质量发展的战略部署，牢牢把握气象工作关系生命安全、生产发展、生活富裕、生态良好的战略定位，重点从满足经济社会高质量发展和人民对美好生活向往的精细化需求、充分发挥气象防灾减灾第一道防线作用等方面完善相关法规制度；积极推进气象防灾减灾、气象服务保障生态文明建设、气象监测和数据管理等重要领域立法；聚焦气象法律制度空白点，从"小切口"入手，加强立法工作，着力解决现实问题，增强立法针对性、可操作性；加快改革配套立法，确保重大改革于法有据。同时，健全立法工作程序和机制，聚焦实践问题和立法需求，科学制定年度立法计划，提高立法精准化水平；加强各方参与立法机制建设，拓宽立法公众参与渠道；统筹国家和地方立法资源，充分发挥地方立法的实施性、补充性和探索性功能。切实提高立法质量，使气象工作各方面和环节，做到有法可依，以良法促进发展、保障善治。

（二）聚焦提升干部职工法治素养，积极营造气象高质量发展良好法治环境

紧紧围绕保障气象高质量发展新要求，以使法治成为部门共识和基本准则为目标，以持续提升气象干部职工法治素养为重点，以提高普法针对性和实效性为着力点，全面落实普法责任制，不断健全气象普法工作体系，突出学习宣传习近平法治思想、宪法和民法典，广泛宣传与推动国家高质量发展和社会治理现代化密切相关的法律法规，深入宣传与推动气象高质量发展密切相关的法律法规，深入开展气象法治教育培训，强化气象党员领导干部和职工的法治教育，持续提升干部职工法治素养、法治意识和依法行政水平；加强气象法治文化建设，深入推进普法与依法治理有机融合；通过提高普法针对性实效性，持续开展内容丰富、形式多样的气象法治宣传教育活动，不断提升全民法治观念和法治意识，为保障气象高质量发展积极营造良好的法治环境。

（三）聚焦全面依法履行法定职责，不断提升依法行政水平

健全气象机构职能体系，优化组织结构，理顺职责关系，促进职能转变，全面实行权责清单制度，推动依法、全面、高效履职尽责；健全气象行政执法工作体系，加强气象行政执法能力建设，建立健全跨区域气象执法协作机制、跨部门联合执法机制，继续探索将气象行政执法纳入地方综合执法；坚持严格规范公正文明执法，加大对气象设施和探测环境保护、气象预报发布和传

播、涉外气象活动、气象专用技术装备使用、气象信息服务以及人工影响天气、防雷、升放气球等重点领域的执法检查力度，确保不法行为得到及时纠正和严肃惩处；健全气象行政权力制约和监督体系，严格落实重大行政决策程序制度，强化气象行政权力制约监督，全面主动落实政务公开，加强和规范行政复议及行政应诉工作；加强依法行政能力建设，提高气象领导干部运用法治思维和法治方式深化改革、推动发展、化解矛盾、维护稳定、应对风险的能力，加强基层气象法治机构和队伍建设，积极发挥法律顾问和公职律师队伍职能作用。

（四）聚焦安全责任体系和制度机制建设，加强防雷安全、人工影响天气作业安全监管

健全职责清晰、分工明确的防雷安全责任体系，推动地方政府和各相关行业部门落实安全领导责任和行业监管责任，强化气象部门安全监管责任，切实压实生产经营单位的安全主体责任，形成高效有力、多元共治、齐抓共管的防雷安全大格局；全面实行行政许可事项清单管理制度，依法依规开展防雷装置设计审核和竣工验收、检测资质认定等行政许可工作，切实从源头上把好防雷安全关；创新防雷安全监管机制，完善安全监管制度和技术支撑标准，加强防雷安全重点环节、重点区域、重点单位的监管，推动建立多部门协同监管机制和信息共享机制，推行大数据监管、审慎包容监管，全面推进"双随机、一公开"和"互联网+"监管，不断提升防雷安全监管效能。加强对人工影响天气作业人员的备案和培训，落实空域申请、作业安全保卫、作业站点

巡查等工作制度；深入推进人工影响天气弹药使用许可，持续强化人工影响天气弹药出厂质量月通报制度；制定安全事故处置应急预案，加强应急演练，依法组织开展调查处理工作。

（五）聚焦监测精密、预报精准、服务精细和气象防灾减灾第一道防线作用，健全气象标准体系

从推进气象高质量发展、推进气象治理体系和治理能力建设的高度，加强对气象标准化工作的系统谋划，坚持以人民为中心的发展思想，以支撑保障气象高质量发展为主线，强化气象标准的制度属性，充分发挥标准体系顶层设计的前瞻性、指引性作用。围绕落实《纲要》各项主要任务要求，明确健全气象标准体系的总要求，确定气象标准体系的主体框架和重点标准清单，增加优质气象标准供给，充分发挥标准的"技术法规"作用，建立健全推动高质量发展的高标准体系，确保业务领域上下游之间能够关联衔接，各个级别、各个类别、各类性质标准在相应范围发挥各自作用，形成协调配套、功能互补的标准群，助力气象工作实现固根基、扬优势、补短板、强弱项、利长远的发展要求。

（六）聚焦深度融合和协同发力，加大气象标准化的基础研究和支持保障力度

坚持问题导向和目标导向相统一，推动各主管职能部门以及行业企事业单位在气象标准化领域多元参与、多方发力，形成各负其责、协同推进的工作格局，共同完善气象标准化激励保障机制，解决好吸引人才、扩大投入渠道、提升质量效益等基础性问题。加强气象标准的基础研究，建立科技成果向标准转化衔接机制，在业务、服务、科技及工程项目的立项、实施和验收等关键环节中强化标准的导向作用，依托科研项目开展科技成果向标准转化应用试点，以标准促进关键核心技术的业务化、产业化。建立健全以标准为依据的履职工作体系，加强气象标准"研究、立项、制定、应用"的一体化、全周期管理，推动标准化工作与气象改革发展深度融合，进一步夯实标准在气象依法履职中的技术支撑地位，让标准有用、好用、真用、管用。强化气象从业人员学标准、讲标准、用标准的行业氛围，持续巩固提升气象标准对履行行业主管职责、推动高质量发展的支撑保障作用，推动气象标准化工作健康、快速的发展。

发挥党建引领保障作用
推进气象高质量发展

李丽军

新中国气象事业 70 多年的发展充分证明，党的领导是气象事业不断发展壮大、取得历史性成就的根本保证。《气象高质量发展纲要（2022—2035 年）》（以下简称《纲要》）明确了新发展阶段推进气象高质量发展的指导思想、主要目标和任务举措，强调坚持党对气象工作的全面领导。完成好党中央、国务院赋予的历史使命，气象部门各级党组（党委）必须坚持党对气象工作的全面领导，突出加强党的建设，全面提升领导力，坚持不懈地把气象部门全面从严治党向纵深推进，为加快推进气象高质量发展，更好地服务国家、服务人民提供有力保障。

全面加强党的建设，对引领保障《纲要》贯彻落实、加快推进气象高质量发展具有重要意义。《纲要》是贯彻落实习近平总书记关于气象工作重要指示精神和党中央决策部署的集中体现，是政治性、人民性和时代性高度统一的气象事业发展纲领性文件。《纲要》进一步明确了"坚持党对气象工作的全面领导"这一推进气象高质量发展的根本原则。打铁必须自身硬，坚持党对气象工作的全面领导，气象部门必须首先加强党的建设，从政治

李丽军，中国气象局机关党委（巡视办）常务副书记（主任）。

上、思想上、组织上等各方面不断提高引领保障气象高质量发展的能力和水平。**贯彻落实《纲要》，是党中央国务院赋予气象部门的一项重大政治任务**，必须强化党的政治建设引领，把准服务国家、服务人民，加快推进气象高质量发展的根本方向，确保习近平总书记关于气象工作重要指示精神和党中央决策部署落实落地，做到"两个维护"。**贯彻落实《纲要》，是新发展阶段加快推进气象高质量发展的重要举措**，必须加强党的思想建设，进一步学懂弄通做实习近平新时代中国特色社会主义思想，把坚实的思想政治基础和科学的观点方法转化为推动气象高质量发展的昂扬斗志和解决实际问题的务实举措，确保气象高质量发展行稳致远。**贯彻落实《纲要》，是推动党建和气象业务工作深度融合的实践过程**，必须坚决贯彻习近平总书记在中央和国家机关党的建设工作会议上的重要讲话精神，坚持围绕中心抓党建、抓好党建促业务，围绕《纲要》确立的七大战略任务，找准结合点，强化组织、作风、纪律和监督等方面的保障措施，确保党建和业务各项举措在部署上相互衔接、在实施中相互促进。**贯彻落实《纲要》，是攻坚克难实现气象发展改革向纵深推进的有力行动**，必须发扬党的优良作风和气象部门的光荣传统，始终保持理论联系实际、密切联系群众、批评与自我批评的作风，大力弘扬气象部门准确、及时、创新、奉献的优良传统作风，务实功、出实招、求实效，真抓实干、善作善成，为新发展阶段推进气象高质量发展提供坚强作风保障。

以高质量党建引领保障气象高质量发展，必须坚持以习近平新时代中国特色社会主义思想为指导，深入学习贯彻习近平总书记关于党的自我革命的战略思想，全面贯彻新时代党的建设总要求，坚决落实习近平总书记关于气象工作重要指示精神和党中央决策部署，面向"三新一高"，围绕推进气象高质量发展中心工作，坚持以党的政治建设为统领，加强气象部门党的各项建设，不断提高党对气象高质量发展的政治领导力、思想引领力、组织凝聚力和政治执行力，全面提高党的建设质量和水平，确保《纲要》确定的目标与各项任务全面有效落实。

一、突出抓好党的政治建设这个根本性建设，不断增强党对气象高质量发展的政治领导力

党的政治建设是党的根本性建设。加强气象部门党的政治建设，根本要求是坚决做到"两个维护"，把准气象发展的政治方向，基础是提升党员干部的政治能力。

坚持以全面贯彻落实《纲要》、加快推进气象高质量发展的自觉行动践行"两个维护"。大力加强对党忠诚教育，重点对照习近平总书记提出的和平时期对党忠诚"四个能不能"检验标准，开展多层次、多种形式的学习教育和宣传，引导广大党员干部坚定理想信念，深刻领悟"两个确立"的决定性意义，进一步增强"四个意识"、坚定"四个自信"、做到"两个维护"。要把对党忠诚、做到"两个维护"体现在坚决贯彻习近平总书记关于气象工作重要指示精神和党中央决策部署的行动上，体现在全面贯彻落实《纲要》、加快推进气象高质量发展的实践上，体现在

党员干部职工履职尽责、做好本职工作的实效以及日常言行上，始终同以习近平同志为核心的党中央保持高度一致。

坚持以气象高质量发展服务国家、服务人民的根本方向。 把握新发展阶段、贯彻新发展理念、构建新发展格局，加快推进气象高质量发展，必须毫不动摇地坚持以人民为中心的发展思想，秉持国家利益和人民利益至上，坚持服务国家、服务人民的根本方向。要深入贯彻习近平总书记关于气象工作重要指示精神和党中央决策部署，立足两个大局，不断加强气象现代化建设，着力提升气象服务保障能力，全力保障国家重大战略实施，切实发挥气象防灾减灾第一道防线作用，深度融入经济社会各行各业，精准服务国家和地方高质量发展，更好满足人民日益增长的美好生活需要。

坚持在精准落实《纲要》要求、防范化解重大风险挑战过程中不断历练和检验党员干部的政治能力。 新的征程不可能一帆风顺，必然会遇到各种困难和风险挑战，要求气象部门各级党组织和党员干部必须不断提高政治能力。要提高政治判断力，自觉与党中央对标对表，在贯彻落实《纲要》过程中深刻把握大局大势，不断增强科学把握形势变化、精准识别现象本质、清晰明辨是非、有效防范化解气象领域风险挑战的能力，正确处理局部与全局、当前与长远的关系，自觉从党和国家工作大局出发想问题、作决策，谋划和推进气象高质量发展，确保在政治上不偏向、在落实上不打折。要提高政治领悟力，深入学习贯彻习近平总书记重要讲话重要指示批示精神和党中央决策部署，联系实际深刻领会，做到了然于胸、融会贯通，对本单位、本岗位的职责定位、工作任务和思路举措有清醒认识。要提高政治执行力，围绕统筹发展和安全，深化习近平总书记关于气象工作重要指示精神和党中央重大决策部署落实机制，健全实施《纲要》和相关规划方案的制度机制，完善风险挑战防范应对预案和流程，加强监督检查，确保气象高质量发展目标如期实现。

二、深入推进新时代党的创新理论武装，全面提升党对气象高质量发展的思想引领力

习近平总书记强调，必须坚持把思想建设作为党的基础性建设，淬炼自我革命锐利思想武器。气象部门各级党组（党委）要切实发挥思想建设的引领性作用，为气象高质量发展提供强有力的思想引领和精神动力。

坚持不懈学懂弄通做实习近平新时代中国特色社会主义思想。 深入学习领会习近平新时代中国特色社会主义思想的核心要义、精神实质、丰富内涵、实践要求，坚持与学习贯彻习近平总书记关于气象工作重要指示精神结合起来，与贯彻落实《纲要》结合起来，真正用党的创新理论武装头脑、指导实践、推动工作。分级建立党组（党委）会"第一议题"制度，跟进学习习近平总书记最新重要讲话、重要指示批示精神。要坚持和深化党组（党委）理论学习中心组学习，积极发挥领导干部领学促学和中心组学习的示范带动作用。完善并推广对下级中心组学习的旁听指导机制，增加互动沟通交流，提高学习质量。建立健全青年理

论学习小组学习机制，以党的创新理论学习深化对《纲要》的理解把握。

持续推动党史学习教育常态化长效化。 加强组织领导，完善制度机制，推进党史学习教育常态化长效化，教育引导广大气象干部职工自觉学党史用党史，始终牢记初心、践行使命。以"人民至上 生命至上"主题实践活动为重要抓手，推动党建和业务工作深度融合，持续为群众办实事办好事。强化公仆意识、涵养为民情怀，提升事业心、责任感，统筹抓好面向生命安全、生产发展、生活富裕、生态良好的气象服务保障，让气象高质量发展成果惠及全体人民。

抓紧抓实意识形态和思想政治工作。 认真落实意识形态、思想政治工作责任制，始终坚持正确政治方向，围绕引领保证气象高质量发展这一主线，着力做好意识形态工作和干部职工思想政治工作。及时掌握意识形态形势和动态，敢抓敢管、敢于斗争，保持战略定力和文化自信，做到旗帜鲜明、立场坚定，坚决反对和抵制各种错误观点，营造积极向上的思想舆论氛围。建立完善意识形态风险研判应对、多层次谈心谈话、思想动态分析等制度机制，提高意识形态、思想政治工作的预见性、覆盖面、针对性和有效性。把握和遵循思想政治工作规律，把显性教育与隐性教育、解决思想问题与解决实际问题、广泛覆盖与分类指导结合起来，因地、因人、因事、因时制宜开展工作，积极推进理念创新、手段创新、基层工作创新，不断提升思想政治工作质量和水平。

三、深化党的组织建设，面向气象高质量发展提升组织凝聚力

党的力量来自组织，组织建设是党的建设的基础。新发展阶段，要贯彻落实好新时代党的组织路线，始终围绕保障《纲要》实施、推动气象高质量发展，把党的组织体系织密建强，把根基筑牢夯实。

健全组织体系，为组织建设"固基塑形"。建强党的组织体系，突出整合力量、攻坚克难、推动发展的要求，确保基层党组织应建尽建，结合专项工作需要加强临时党支部建设，增强基层党组织政治功能和组织力，实现党的工作全面有效覆盖。严把党员发展政治关、程序关、质量关，注重从各专业各领域代表性人物、先进模范人物和业务骨干中发展党员。深化模范机关创建，发挥机关党建示范引领作用，指导带动系党建高质量发展。加强与地方党委（党工委）沟通协调，形成全面领导、条块衔接、齐抓共管气象部门党建工作的新格局。健全党建制度体系，深化党建制度落实行动，加强党建制度备案和执行监督，以制度落实促进党建工作质量提升。坚持党建带群建，加强对系统群团工作的指导，推动群团组织改革创新，不断保持和增强政治性、先进性、群众性。用好统一战线这一重要法宝，团结更多力量支持参与气象高质量发展相关工作。

提升基层组织力，为组织建设"凝心聚力"。增强党组织政治功能，把基层党组织锻造成宣传党的主张、贯彻党的决定、保

障气象高质量发展的坚强战斗堡垒。运用党建质量提升三年行动计划总结评估结果，持续推进支部标准化规范化建设，深化"四强"党支部创建。发挥支部教育党员、管理党员、监督党员和组织群众、宣传群众、凝聚群众、服务群众的作用。加强"两优一先"等先进典型选树宣传，将广大党员干部的精气神统一到《纲要》学习贯彻上来。围绕《纲要》落实中的急难险重任务，通过设置党员先锋岗、党员突击队、气象尖兵等形式，发挥党支部战斗堡垒作用和党员先锋模范作用。

培养优秀人才，为组织建设"强筋健骨"。坚持党管干部原则，落实新时代好干部标准，突出政治标准，统筹用好各年龄段干部，大力培养选拔优秀年轻干部，打造一支政治过硬、本领高强的干部队伍。坚持党管人才，持续深化气象人才发展体制机制改革，赋予用人单位更大自主权，完善人才使用机制，健全人才评价体系，强化人才激励保障，营造更好的人才发展环境。把党务工作岗位作为培养锻炼干部的重要平台，建立党务干部与业务干部双向交流机制，推进专兼职党务干部经历纳入干部履历，建设一支专业精干高效的党务干部队伍。

四、坚韧执着正风肃纪反腐，以铁的纪律和实的作风锤炼政治执行力

习近平总书记强调，党的作风是党的形象，关系人心向背。加强纪律建设是全面从严治党的治本之策。立足新发展阶段，加快推进气象高质量发展，必须永葆自我革命精神，持之以恒正风

肃纪反腐，加强作风建设和纪律建设，涵养风清气正的政治生态。

强化政治监督，推动各类监督贯通协同。聚焦"国之大者"，推动政治监督具体化常态化，把"两个维护"作为根本任务，坚持跟进监督、精准监督、全程监督，督促各级党组和领导干部履职尽责、担当作为。做深做实日常监督，把中国气象局党组部署的中心工作落实情况作为日常监督重点，督促抓好任务落实。以党内监督为主导，促进各类监督贯通协同，强化对权力监督的全覆盖、有效性。加强对"一把手"和领导班子监督，压实全面从严治党主体责任。深化气象部门纪检监察体制改革，构建系统集成、协同高效的监督机制，完善一级抓一级、层层抓落实的监督工作格局。

持续加固中央八项规定堤坝，锲而不舍纠"四风"树新风。注重分析把握违反中央八项规定及其实施细则精神的新情况新特征，有针对性地开展专项检查和整治工作。深入纠治"四风"顽瘴痼疾，严肃查处对上级决策部署贯彻落实不力、文山会海反弹等问题。统筹运用专项督查、财务检查、审计监督、巡视监督等多种方式，整治形式主义、官僚主义突出问题。认真践行党的群众路线，重视并改进调查研究工作，不断提高决策水平和解决问题能力。

提高一体推进"三不腐"能力和水平。充分认识气象部门党风廉政建设和反腐败斗争的形势以及阶段性特征，用好"全周期管理"方式，一体推进不敢腐、不能腐、不想腐，努力取得更多制度性成果和更大治理效能。"不敢腐"重在惩治和震慑，要坚持严的主基调不动摇，以零容忍态度惩治腐败，坚决减存量、遏增量。精准运用"四种形态",抓早抓小、防微杜渐、层层设防。针对突出问题开展集中整治,深化以案促改、以案促治。"不能腐"重在制约和监督,要不断完善制度机制,抓住政策制定、决策程序、项目审批等关键权力,严格职责权限,规范工作程序,强化权力制约。"不想腐"重在教育和自律,要加强新时代气象部门廉洁文化建设,筑牢拒腐防变思想堤坝。强化警示教育,教育党员干部知敬畏、存戒惧、守底线。对年轻干部从严教育管理监督,引导年轻干部系好"第一粒扣子"。

五、深入开展巡视监督,推动气象高质量发展部署要求落地见效

巡视是政治巡视,是党章赋予的重要职责,是推进党的自我革命、全面从严治党的战略性制度安排。坚持巡视工作方针,认真落实巡视工作部署,全覆盖、高水平开展巡视监督,加强巡视整改和成果运用,推动贯彻习近平总书记关于气象工作重要指示精神和气象高质量发展部署要求落地见效。

推进巡视高质量全覆盖。坚守职能定位,持续巩固深化政治巡视。坚持围绕中心、服务大局,聚焦习近平总书记关于气象工作重要指示精神,突出对贯彻落实党中央、国务院关于加快推进气象高质量发展的决策部署以及中国气象局党组工作要求的监督检查,从政治上挖掘深层次问题,实现有形覆盖、有效覆盖一体推进,始终保持巡视的权威性、震慑力、推动力。强化组织领导,持续落实巡视巡察工作主体责任。健全完善工作机制,及时

研究解决重点难点问题。准确把握新时代巡视工作发展规律，从方式方法、制度机制、机构队伍建设等方面创新举措，推动巡视工作更加科学、更加规范、更加有效。树牢系统观念，持续构建上下联动、贯通融合工作格局，更加注重探索整合资源、汇聚合力、共享成果的实现形式，促进提升监督治理效能。

深化巡视整改和成果运用。压实整改责任，持续强化整改落实和成果运用。认真贯彻执行党中央《关于加强巡视整改和成果运用的意见》，推动各级党组织全面履行整改主体责任，把整改融入日常工作、融入深化改革、融入全面从严治党、融入班子队伍建设，高标准严要求将整改抓到底。健全纪检、人事等部门巡视整改监督工作机制及有关职能部门成果运用机制，强化巡视机构统筹督促责任，完善各司其职、密切协作责任体系。健全长效机制，持续深化巡视标本兼治战略作用。最大化运用监督成果，对巡视中发现的影响和制约气象事业发展的问题、改革推进中存在的短板弱项，加强顶层设计和系统施治，以整改的外部推力激发解决问题的内生动力，把解决共性问题、突出问题与深化改革、完善制度结合起来，堵漏洞、补短板、固底板，不断推动提升履职尽责的政治能力和业务本领。

六、加强宣传动员，调动一切可以调动的智慧和力量来推动《纲要》实施

加强宣传动员，凝聚智慧力量。充分利用中国气象报、中国气象局门户网站等各类宣传平台和媒体舆论阵地，联合中央媒

体、地方媒体，全方位、多维度、分层次、分领域、分对象地解读好《纲要》精神，宣传推广各级气象部门学习贯彻《纲要》精神的典型经验和做法成效，统一思想认识、提振奋斗精神，为推动气象高质量发展提供良好舆论氛围。

坚定文化自信，弘扬气象优良传统。以弘扬科学家精神、工匠精神和气象优良传统作风为重点，激发气象人才科学报国、干事创业内在动力。加大先进表彰奖励力度，积极宣传一线气象工作者典型事迹。紧密围绕气象防灾减灾、乡村振兴、粮食安全、生态文明和应对气候变化等强化气象宣传科普服务供给，深入挖掘和宣传气象优秀文化，为《纲要》实施提供智力支撑和精神动力。

贯彻落实《国务院关于加快气象事业发展的若干意见》评估报告

中国气象局

2021 年 12 月

    2006 年 1 月,《国务院关于加快气象事业发展的若干意见》（国发〔2006〕3 号，以下简称国务院三号文件）印发，明确了到 2020 年气象事业发展的指导思想、奋斗目标和主要任务，为中国气象事业又好又快发展指明了方向。为总结国务院三号文件贯彻实施取得的成效，分析气象事业发展的不足与短板，系统谋划推动气象强国建设的举措，在深入分析 2006—2020 年全国各级气象部门贯彻落实国务院三号文件情况的基础上，形成本评估报告。

一、进展情况

    15 年来，党中央、国务院高度重视气象工作，中央领导同志多次对气象工作作出重要指示批示。15 年来，历年的中央一号文件对气象工作作出新部署，国务院先后 4 次出台政策文件推动气象事业发展。15 年来，各级党委政府和各有关部门深入贯彻落实国务院三号文件，出台了一系列重大举措，实施了一系列重大工程，解决了一系列重大问题。15 年来，全国广大气象干部职工全

本报告引用数据截至 2020 年底。

面贯彻落实国务院三号文件，努力拼搏、接续奋斗，推动气象事业发展取得了历史性突破。

气象服务国家、服务人民成效显著。15 年来，全国气象部门始终坚持以人民为中心的发展思想，紧紧围绕国家发展和人民需求，建成了适应需求、保障有力、效益突出的中国特色气象服务体系。建立了比较完善的"党委领导、政府主导、部门联动、社会参与"的气象防灾减灾机制和多部门共享共用的国家突发事件预警信息发布系统，气象预警信息公众覆盖率达 93%，气象灾害造成的经济损失占 GDP 比例由 2005 年的 1.13% 下降到 2020 年的 0.36%，气象防灾减灾第一道防线作用充分发挥。主动服务和融入"一带一路"建设、乡村振兴、区域协调发展等国家重大战略和交通、农业、水利、海洋、能源、旅游等国民经济各行各业，主动服务和融入三峡工程、川藏铁路等国家重点工程建设和中国 APEC 峰会、庆祝中华人民共和国成立 70 周年大会等重大活动保障。构建了覆盖多领域的生态文明气象保障服务体系，打造了应对气候变化、气候资源保护利用、气候可行性论证、大气污染防治、生态修复与保护等服务品牌，建立了世界上规模最大的现代化人工影响天气作业体系，人工增雨覆盖 500 多万平方公里，防雹保护达到 50 多万平方公里。气象服务的经济社会效益显著提升，投入产出比达到 1∶50，公众气象服务满意度达到 92 分，人民群众对气象服务的获得感显著增强。

气象基础能力总体接近世界先进水平。15 年来，全国气象部门始终坚持气象现代化建设不动摇，瞄准世界先进水平，建成了无缝隙智能化的气象预报预测系统和布局适当、功能较完善的综合气象观测系统。建立了从区域到全球、从天气到气候等较为完整的数值预报业务体系，自主研发的全球中期数值天气预报系统北半球可用预报时效达到 7.8 天，接近同期世界先进水平。24 小时台风路径预报误差由 2005 年的 118 公里减少到 65 公里。强对流天气预警时间提前到 38 分钟，暴雨预警准确率提高到 89%。气象观测总体能力接近世界先进水平。6.3 万余个地面气象观测站覆盖全国所有乡镇。224 部新一代天气雷达组成严密的气象灾害监测网，探测性能达到世界先进水平。2006 年以来成功发射 12 颗风云气象卫星，气象卫星体系建设达到世界领先水平，为全球 118 个国家、国内约 2600 家用户提供服务。生态、环境、农业、海洋、交通、旅游等专业气象监测网逐步建立。多项气象观测装备技术达到同期世界先进水平。气象信息系统集约化发展，高性能计算机峰值计算能力达到每秒 9800 万亿次浮点运算。气象数据率先向国内外开放共享，中国气象数据网累计用户突破 34 万人，海外注册用户来自 70 多个国家，年访问量约 1.7 亿人次，年共享数据服务量达到 112 TB。

气象科技创新由跟跑为主转向跟跑并跑并存。15 年来，始终坚持科技创新驱动和人才优先发展，紧跟国家科技发展步伐和世界气象科技发展趋势，建立了基本适应气象现代化发展需求、支撑有力的国家气象科技创新体系。关乎"卡脖子"问题的核心关键技术攻关持续推进，雷达、卫星、数值预报等技术取得重大突破。数值预报完成了从引进消化吸收到自主研发的重大转变，我国成为少数能够自主研发全球模式的国家之一。建设了一批高水平的气象科研院所、国家重点实验室、部门重点实验室、野外科学试验基地和新型研发机构。气象科研投入和产出持续增长，2006—2020年，全国科技经费累计投入87.47亿元，气象科技成果获国家级科技奖励12项、省部级科技奖励807项。形成了以大气科学为主体、多种专业有机融合的气象人才队伍。全国气象职工本科以上比例达86%，比2005年增加58个百分点。现有两院院士9人，正高级职称专家千余人，入选国家人才工程40人次。气象科学家叶笃正、秦大河、曾庆存先后获得国际气象领域最高奖，叶笃正、曾庆存获国家最高科学技术奖。

气象发展体制机制充满生机活力。15年来，全国气象部门始终坚持深化改革扩大开放，建立了更加完备、更为开放的气象发展保障体系，气象事业逐渐从部门走向社会、从国内走向全球。双重领导、以部门为主的领导管理体制和双重计划财务体制不断完善并显示出巨大的制度优势，促进国家和地方气象事业协调发展。协同推进"放管服"改革和气象行政审批制度改革，全面完成国务院部署的防雷减灾体制改革任务，深入推进气象服务体制、业务技术体制、管理体制等改革，为气象事业高质量发展注入强大动力。形成较为完备的气象法律法规体系、气象规划体系和气象标准体系，气象科学管理水平显著提高。省部合作、部门合作、局校合作、局企合作不断深化，形成了全方位、宽领域、深层次的国内开放合作格局。中国气象局与160多个国家和地区开展了气象科技合作交流，为广大发展中国家提供气象科技援助，100多位中国专家在世界气象组织（WMO）、政府间气候变化专门委员会（IPCC）等国际组织中任职，中国气象的全球影响力和话语权显著提升。

二、总体评价

从评估情况看，国务院三号文件对引领和推动气象事业的发展发挥了至关重要的作用。国务院三号文件提出的奋斗目标如期实现，主要任务顺利完成，各项措施也得到了较好落实，推动气象事业取得了重要成就（表1）。气象现代化体系基本建成，气象整体实力接近世界先进水平，气象卫星体系、中国特色气象防灾减灾体系建设等方面达到世界领先水平，为促进国家发展进步、保障改善民生、防灾减灾救灾等作出了重要贡献。

表 1　气象事业发展主要指标进展情况表

序号	指标		2005 年	2020 年	变化情况
1	气象站网站间距		23 公里	12 公里	提升超 1 倍
2	气象雷达站数量		64 部	224 部	提升 2.5 倍
3	雷达观测覆盖度		9%	29%	提升超 2 倍
4	气象卫星观测能力	气象卫星在轨数量	5 颗	7 颗	增加 2 颗
		最高空间分辨率	1 公里	250 米	提升 3 倍
		最高时间分辨率	30 分钟（区域）12 小时（全球）	5 分钟（区域）6 小时（全球）	提升 5 倍（区域）提升 1 倍（全球）
		在轨载荷种类	3 类	21 类	提升 6 倍
5	气象预报精细度	空间分辨率	60 公里	5 公里	提升 11 倍
		时间分辨率	12 小时	3 小时	提升 3 倍

序号	指标		2005 年	2020 年	变化情况
6	气象预报准确率		70%	84%	提升 14 个百分点
7	台风预报准确率（24 小时路径预报误差）		118 公里	65 公里	提升近 1 倍
8	强对流天气预警提前量		10 分钟	38 分钟	提升 28 分钟
9	气候预测准确率		63%	69%	提升 6 个百分点
10	全球数值天气预报水平	可用预报时效	5.8 天	7.8 天	提升 2 天
		水平分辨率	60 公里	25 公里	提升 1.4 倍
11	高性能计算机浮点运算峰值		21.6 TFLops	9800 TFLops	提升近 453 倍
12	年共享数据服务量		2.37 TB	112 TB	提升 46 倍
13	全国公众气象服务满意度		79 分	92 分	提升 13 分
14	全国气象预警信息公众覆盖率		63%	93%	提升 30 个百分点
15	人工影响天气作业面积		258 万平方公里	502 万平方公里	提升近 1 倍
16	气象科学知识普及率		58%	80%	提升 22 个百分点
17	气象人才队伍本科以上比例		28%	86%	提升 58 个百分点
18	气象标准数量（国标和行标）		44 项	795 项	提升 17 倍

三、新阶段、新形势、新要求

经过 15 年的接续努力，我国气象事业发展已经进入了一个新的发展阶段。站在新的历史起点上，需要顺应"两个大局"、牢牢把握气象事业高质量发展的主题，抢抓机遇，攻坚克难，加快建设气象强国。

以习近平同志为核心的党中央为气象工作指明方向。新中国气象事业 70 周年之际，习近平总书记作出重要指示，李克强总理作出批示，胡春华副总理就贯彻总书记重要指示、李克强总理批示作出"加快建设气象强国"的重要部署，为气象工作发展指明了前进方向。今后一段时期，气象工作必须牢牢把握"坚持党的领导、坚持服务国家服务人民"的根本方向，牢牢把握气象工作关系"生命安全、生产发展、生活富裕、生态良好"的战略定位，牢牢把握"推动气象事业高质量发展、加快建成气象强国"的战略目标，牢牢把握"发挥气象防灾减灾第一道防线作用"的战略重点，牢牢把握"加快科技创新、做到监测精密、预报精准、服务精细"的战略任务。

党的十九大对到本世纪中叶全面建成社会主义现代化强国作出全面部署，气象现代化建设迫切需要与之同步并适度超前这一进程。气象事业是科技型、基础性、先导性社会公益事业，气象现代化是国家现代化的重要标志之一，是国家现代化的先行领域。与此同时，随着国家经济社会的发展，气象日益成为防灾减灾的第一道防线、经济社会发展的先决要素、应对气候变化的科学前提。因此，迫切需要对标国际先进水平，坚持适度超前定位，加快建成气象强国，以高质量气象现代化的成果增强气象服务国家和服务人民的综合实力，以高质量气象现代化更好服务保障国家现代化，为社会主义现代化强国建设提供有力支撑。

国家经济社会发展和人民生产生活还面临着严峻复杂的天气气候风险挑战，气象全方位保障能力迫切需要进一步提升。在全球气候变暖背景下，我国极端天气气候事件明显增多增强，统筹发展和安全对防范气象灾害重大风险的要求越来越高，经济社会发展对气象的敏感性和关联性越来越强，人民美好生活对气象服务的需求越来越精细，生态文明建设对气象保障的要求越来越迫切。因此，迫切需要全方位提升气象保障生命安全、生产发展、生活富裕、生态良好的能力，有效防范化解气象灾害多发频发以及气候变化引发的一系列风险挑战，不断提高经济社会抵御气象灾害的能力和韧性，为全面建成社会主义现代化强国构筑起重要气象保障。

世界气象科技发展已迈入地球系统时代，我国气象科技创新迫切需要实现自立自强。世界正经历百年未有之大变局，新一轮科技革命深入发展，气象科技发展已迈入地球系统时代，地球系统数值模式、地球系统观测、地球系统大数据已成为国际气象发展趋势。与此同时，我国仍有部分气象技术、装备受制于国外，潜藏着安全风险，尤其是数值预报等核心技术，仍然是制约气象高质量发展的瓶颈。因此，迫切需要强化科技引领，坚持创新在气象现代化建设全局中的核心地位，顺应数字化、智能化趋势，面向地球系统，突破气象核心技术，优化创新资源配置，提高气象自主创新能力，实现气象科技自立自强。

实现高质量发展是当前和今后一个时期气象发展的主题，许多突出困难和瓶颈制约迫切需要通过改革创新加以解决。气象高质量发展仍然存在一些亟待解决的突出困难和瓶颈制约，主要表现在：**一是**气象科技自主创新能力不强，地球系统数值模式、气象装备等"卡脖子"关键核心技术与国际先进水平还存在较大差距，科技创新资源配置效率不高，高层次领军人才和高水平的创新团队缺乏。**二是**气象基础能力还有短板，预报的精准度和提前量不足，观测站网布局和数据获取能力与预报精准、服务精细需求仍存在差距，多源观测资料应用技术有待加强，大数据、人工智能等新一代信息技术在气象领域的深度融合应用不够，高性能计算与发展需求不相适应，数据质量亟待提高，数据价值有待深入挖掘。**三是**气象灾害监测预报预警能力不能满足需求，突发气象灾害监测有盲区、预报时效短、精细化程度不高，基于影响的预报和基于风险的预警技术有待提升，全社会抵御气象灾害的能力与国家全面提升综合减灾能力的要求不相适应。**四是**气象服务供给难以满足经济社会高质量发展和人民对美好生活向往的精细化需求，专业气象服务科技含量不高，气象服务融入经济社会各行各业的深度不够，便民惠民的气象服务产品的针对性不强，传统的气象服务手段不能完全满足国家战略要求。**五是**生态文明建设气象基础支撑作用发挥不充分，对气候变化规律的科学把握还有较大差距，对如何发挥气候资源优势的重视程度不够，生态气象服务潜力有待深入挖掘。因此，迫切需要全面深化气象改革，破除制约气象高质量发展的体制机制障碍，持续增强发展活力和动力，全面提升气象治理现代化水平。

后 记

2019 年 12 月 9 日，习近平总书记在新中国气象事业 70 周年之际作出重要指示，李克强总理作出重要批示，胡春华副总理出席新中国气象事业 70 周年座谈会并作重要讲话。围绕贯彻落实习近平总书记关于气象工作重要指示精神，瞄准国家层面出台指引气象高质量发展的纲领性文件，国务院领导关心、指导，专题听取有关工作汇报。

中国气象局党组高度重视、精心组织、科学谋划，庄国泰局长具体部署、全程指挥，举全部门之力，全力以赴完成这一历史使命。在局党组的领导下，成立了由时任中国气象局副局长的矫梅燕同志和黎健总工程师任组长的专项工作组，中国气象局气象发展与规划院牵头成立编写组，会同有关部门深入开展专题研究，充分调研气象发展情况，研究借鉴国际气象发展经验，反复听取有关部门、各省（区、市）人民政府、新疆生产建设兵团及有关院士、专家、气象工作者的意见建议。

2020 年，围绕贯彻习近平总书记重要指示精神和党中央、国务院重大决策部署，中国气象局邀请相关部委、科研院所和高校等有关领域专家，研究借鉴国际气象发展经验，从气象高质量发展、"监测精密、预报精准、服务精细"战略任务、气象服务保障"生命安全、生产发展、生活富裕、生态良好"、气象防灾减灾体系、科研和科技创新、重大改革与政策研究六个方面开展专题研究，最终形成了丰富的研究成果。2021年，在上述研究基础上，瞄准服务保障国家发展2035年远景目标，工作组、编写组多次组织研讨交流，适时听取国家发展和改革委员会、科学技术部、财政部、国务院研究室等部门组成的咨询组意见建议，大家在思想碰撞中不断完善气象高质量发展的总体思路和目标任务。特别是国务院研究室有关领导和同志多次深度参与研讨交流，投入了热忱和精力，给出了许多有价值的宝贵意见。大家提出，适应服务保障经济社会高质量发展要求，气象事业的先导性属性愈发凸显，应在《纲要》中予以明确；大家认为，人民满意是气象高质量发展的核心要求，必须努力构建科技领先、监测精密、预报精准、服务精细、人民满意的现代气象体系。

2022年4月28日，国务院正式印发《纲要》。2022年5月19日，《纲要》在中国政府网正式公开。同日下午，全国气象高质量发展工作电视电话会议在国务院召开，胡春华副总理出席会议并做重要讲话。此次会议首次在国省市县四级政府和气象局设立分会场，约6.9万人参加会议，达到了各级各地各部门充分重视、形成合力推动《纲要》落实的目的和良好势头，全体气象工作者倍受鼓舞，新华社和中央电视台给予积极报道。《纲要》出台广泛汇聚了部门内外的众智众力，凝聚了各行各业加快推动气象高质量发展的共识，进一步激发了全国气象部门上下一心为全面建设社会主义现代化强国建功立业的信心与决心。

《纲要》的出台是贯彻落实习近平总书记关于气象工作重要

指示精神的重大举措；是坚持以人民为中心，气象服务国家、服务人民的具体体现；是统筹发展和安全，气象立足新发展阶段、贯彻新发展理念、构建新发展格局的重大部署。《纲要》是集体智慧的结晶。中央组织部、中央宣传部、中央网信办、中央军民融合办、中央机构编制委员会办公室、外交部、国家发展和改革委员会、教育部、科学技术部、工业和信息化部、司法部、财政部、人力资源和社会保障部、自然资源部、生态环境部、住房和城乡建设部、交通运输部、水利部、农业农村部、文化和旅游部、应急管理部、国务院研究室、国务院发展研究中心、国家能源局、国家国防科技工业局、国家林业和草原局、国家铁路局、中国民用航空局、国家邮政局、国家乡村振兴局等中央和国家机关有关部门以及军队、各级党委政府在《纲要》出台过程中给予了大力支持，各有关专家、学者提出了许多真知灼见，在此一并表示感谢。具体参与《纲要》编制的工作组、编写组同志坚持高起点、高标准、高质量，他们思想活跃、意识超前，始终密切协作、通力配合，对文稿认真负责、求真务实，付出了辛勤努力，为《纲要》编写和出台作出了贡献。

为做好《纲要》学习宣贯工作，使气象部门广大干部职工、相关行业人员、社会公众准确理解把握《纲要》的重大意义和具体内容，指导各地不折不扣地落实好《纲要》，特编写本书。书中收录了《纲要》文本，有关部门、有关省份领导结合各自职能和发展实际对气象高质量发展的深入理解等相关文章，以及中国气象局领导和有关同志学习体会的系列文章，深入系统权威解读了《纲要》出台背景、发展目标和主要任务，对有关重大政策、重大改革、重大工程建设落实落细落地进行了深入阐述。

在本书编写过程中，统稿组积极统筹协调，认真审核校对文稿，确保读本顺利完成编写。由于时间较紧，本书难免存在不足之处，欢迎广大读者批评指正。

廖军　张杰

2022 年 8 月 29 日